Cohetes Misiles Extraterrestres

y otros temas interesantes

POR PROF. JUAN P. RIVERA

INFINITY PUBLISHING

ISBN 978-0-7414-9620-1 Paperback
ISBN 978-0-7414-9621-8 eBook

Impreso en los Estados Unidos de América

Publicado June 2013

INFINITY PUBLISHING
1094 New DeHaven Street, Suite 100
West Conshohocken, PA 19428-2713
Número de teléfono gratuito (877) BUY BOOK
Número de teléfono local (610) 941-9999
Fax (610) 941-9959
Info@buybooksontheweb.com
www.buybooksontheweb.com

TABLA DE CONTENIDO

INDICE DE IMAGENES

DEDICATORIA

Quiero dedicar el esfuerzo de este libro primero a mi esposa Nora M. Rivera, quien me ha acompañado en la mayoría de los viajes que relato en este libro. También quiero incluir en esta dedicatoria a mis tres hijos; Juan Carlos, Ricardo y el más joven, Eduardo Gabriel, quienes han sido la fuente de inspiración para luchar contra viento y marea para traer a mi hogar el pan nuestro de cada dia. Por último quiero dedicar este libro a las personas que por olvido involuntario yo llamo los héroes anónimos que también han sido la fuente de inspiración para emprender una obra de tanta magnitud.

NOTAS AL LECTOR

Tengo que agradecer a Dios por darme la salud y la sabiduría de tener la oportunidad de escribir este libro. La tarea no ha sido fácil porque uno tiene que llevar el pensamiento decenas de años atrás cuando yo era niño y me criaba en un barrio de gente pobre en la ciudad de Rio Piedras, Puerto Rico. Yo nací en el barrio Buen Consejo de Rio Piedras el 25 de enero del 1938 en una casa humilde propiedad de mis padres. El nombre de mi padre era Pedro Rivera de Gracia de oficio carpintero y mi madre era Benigna Díaz Hernández ama de casa la mayor parte de su vida. Mis padres procrearon 11 hijos, siete varones y cuatro hembras. Da la casualidad que yo soy el del medio, es decir, nacieron cinco antes que yo y cinco después de mí.

Mi vida ha tenido una trayectoria muy interesante. Mirando hacia atrás puedo decir que yo he sido muy afortunado en mi trayectoria desde mi nacimiento hasta la época de escribir este libro. Este libro no tan solo habla de mis experiencias con el medio ambiente que me rodeaba sino también de temas muy interesantes para usted y muchas otras personas.

Le pido de favor volver atrás y revisar con detenimiento la tabla de contenido de este libro y vera muchos temas que recogen las experiencias de mi vida. Todos esos temas son discutidos con mayor profundidad en este libro. Yo le aseguro que una vez que usted empiece a leer este libro quizás no pueda parar. Claro que yo recomiendo que lea por un buen rato y marque donde se quedó para que al otro día pueda seguir leyendo. Luego que usted lea este libro de principio a fin entonces entenderá mejor el secreto de mi éxito. Si yo lo hice, yo estoy seguro que usted lo puede hacer. Usted verá los principios que yo utilice para vencer los obstáculos que se me presentaban en el camino del recorrido de mi vida. Esos mismos principios y secretos de mi éxito lo puede usted aplicar a su situación actual.

Yo soy el mejor ejemplo, que no importa lo humilde y pobre que uno haya nacido, uno tiene que tener fe en Dios primero y en uno mismo segundo para poder superarse y abandonar el camino del mal y los vicios y convertirse en una persona digna de prestigio para la comunidad latina del mundo entero. Repito, espero que este libro sirva de inspiración a las nuevas generaciones para que sepan que cuando uno elige una meta es posible llegar a ella si existe perseverancia y fe en Dios para vencer cualquier obstáculo que se presente.

Mi filosofía de vida ha sido siempre; (1) que los padres son definitivamente los que crían no los que engendran. Criar uno o más hijos no es cosa fácil. No tan solo uno tiene que proveerles casa, comida, ropa sino que también uno tiene que bregar con cosas inesperadas como lo son; las enfermedades, los accidentes, problemas en la escuela, etc., etc. (2) Proveer un sistema de defensa cuando los niños son atacados por otros niños o por adultos. (3) Enseñar a los hijos el temor a Dios o un sistema de moral y respeto para sí y para los demás.

PROLOGO

La vida es un misterio que se va desenvolviendo como las páginas de un libro. Sabemos el día que nacimos pero no sabemos el día que dejamos de existir en la faz de la tierra. Según se acerca la fecha de la partida hacia el más allá podemos mirar hacia el pasado y brotan a nuestra memoria una serie de hechos que nunca podemos olvidar. De acuerdo a los poetas recordar es vivir y así es como yo me siento cuando escribo este libro.

Esta historia va dirigida primero a mi esposa, hijos y amigos y al resto de mi familia, a las personas que me conocieron y a los que no tuve la dicha de conocerlos. Mi vida ha sido muy interesante y por esa razón es que escribo este documento. Espero que sirva de inspiración a generaciones futuras. Nada es imposible, el secreto de mi éxito es "entender el problema y buscar la solución en forma efectiva y rápida." Siempre trate y continuo tratando de hacer lo mejor la primera vez, de suerte que no tenga que volver atrás a corregir errores que se pudieron evitar si las cosas se hacen bien. La fe en Dios y el estudio de la religión cristiana ha sido una fortaleza increíble que me ayudo a vencer la inercia de los enormes problemas que se me presentaron en mi vida. El estudio de las Matemáticas y la Física me enseñaron a aprender métodos para resolver complejos problemas matemáticos y de la Física. Esos mismos métodos, un poco alterados los utilice para resolver muchos problemas de la vida diaria. Bien sean financieros, de salud, de política, de religión, de música, en fin de todo lo que se me presento frente a frente. El primer paso de todo problema es entender el problema. Si usted no entiende el problema entonces es imposible llegar a la solución correcta.

Para entender mi infancia, primero es importante entender el marco histórico que me circundaba al yo venir a este mundo por vía de mis padres de sangre. El Puerto Rico de finales de los años 30 antes de estallar la segunda guerra mundial jugó un papel importante. En esa época las costumbres de Puerto Rico eran muy distintas a las de ahora. Los años después de la segunda guerra mundial afectaron también a la vida cotidiana de todas las personas que vivíamos en Puerto Rico en esa época. Presento a ustedes una serie de temas y sean ustedes los propios jueces de los hechos que aquí voy a relatar. El relato en ocasiones es detallado y en otras ocasiones es a modo de resumen. Van a entender como yo convierto un fracaso en un triunfo.

Estoy seguro que ustedes se identificaran con mis experiencias pues es posible que usted haya pasado por experiencias similares. **Lo importante para mí siempre ha sido, trazarme una meta y trabajar ardorosamente para llegar a ella.** Por las mañanas me levanto y hago unas anotaciones de lo que quiero hacer durante el día. Antes de acostarme examino lo que hice y lo que me falta hacer. Lo que hice ya está hecho, al otro día hago lo que resto de ayer y le añado lo que me falta hacer hoy. Aprendí desde pequeño no dejar para mañana lo que puedo hacer hoy. Los invito a que continúen leyendo este relato que poco a poco se va a poner más interesante. Posiblemente seguirá leyendo hasta cansarse, pero estoy seguro que al otro día, o quizás el próximo día volverá abrir las páginas de este libro interesante y continuara leyendo hasta el final. Cada día las cosas se ponen más interesantes, eso yo se lo aseguro.

Muchas de las personas que participan aquí tal vez hayan fallecido, otros quizás continúen con vida. Siempre llevo en mi recuerdo a los maestros de mi escuela elemental, secundaria y de escuela superior, quienes me prepararon para entrar a la Universidad de Puerto Rico. A los maestros de la Universidad de Puerto Rico los recuerdos con respeto porque ellos pusieron el importante granito de arena para poder ir y triunfar para cuando fui a continuar estudios graduados en la Universidad de Columbia en Nueva York. Allí me encontré con los mejores maestros de Física y Matemáticas los cuales me impartieron una educación súper sólida. Cuando fui a la

Universidad Nacional Autónoma de México en Ciudad México, me encontré con profesores mexicanos de gran calibre de los cuales aprendí muchas cosas en el campo de la Física Moderna y la Física Nuclear. Y por último tuve la dicha de ir a estudiar a la Universidad de Nuevo México, en Albuquerque, Nuevo México, donde logre alcanzar estudios postgraduados en Física y Astronomía. Aquí estamos hablando de diez años o más de estudios intensivos en las distintas etapas de mi educación.

Claro todo este bagaje intelectual me impulso a vencer grandes retos en los distintos sitios que he trabajado en mi vida. Los detalles de esos años los tratare más tarde en este recorrer de mi activa vida. Desgraciadamente nunca tuve la oportunidad de tener un familiar, amigo, esposa, o como lo quieran llamar, que me ayudara en mis estudios por ser una materia fuera del alcance de esas personas. Ni mi madre ni mis hermanos o hermanas tenían el conocimiento necesario para ayudarme en mis estudios. **Todo lo que he hecho en esta vida lo he hecho a pulmón.** En este libro relato las costumbres, la música, la política, las guerras, las protestas estudiantiles que vi en mi juventud. Relato mi encuentro con personajes famosos; de la ciencia de los cohetes. Explico la parte básica de los misiles y los radares. Hago un recuento del trasbordador espacial. Explico mis experiencias con el desarrollo de la estación espacial internacional. Por último, hago un relato de mi encuentro con los seres extraterrestres mientras trabajaba como científico en "White Sands", Nuevo Mexico. Hago una descripción de los ovnis y lo que los extraterrestres estaban haciendo una noche. Explico por qué tuve que callar este secreto por muchos años.

Juan Pedro Rivera

Orlando, Florida

Estados Unidos de América

Figura 1: Aquí aparece el autor con el trasbordador espacial Atlantis al fondo antes de su último lanzamiento.

PAN, TIERRA Y LIBERTAD Y LUÍS MUÑOZ MARÍN

Rio Piedras era en los años 30 y 40 un municipio autónomo, como lo eran los municipios de otros pueblos de la isla. En esa época Puerto Rico era gobernado por un militar nombrado por el Presidente de los Estados Unidos. En aquel tiempo el presidente de los Estados Unidos era Franklin D Roosevelt. Existían varios partidos políticos que tenían sus propios líderes y existía un foro político donde los distintos líderes exponían sus ideas. El líder del partido nacionalista de Puerto Rico era Don Pedro Albizu Campos, El líder del partido republicano era Don Miguel García Méndez. El líder del partido independentista era Gilberto Concepción de Gracia. El líder del Partido Popular Democrático era Don Luis Muñoz Marín. Anteriormente había otros partidos políticos que eran impulsados por sus líderes. Mi papa hablaba del partido socialista, del partido unionista y otros que no recuerdo. Pero en la lucha de la contienda política a principios de los años 40 salió vencedor el Partido Popular Democrático de Don Luis Muñoz Marín con la consigna; PAN, TIERRA Y LIBERTAD.

Claro tenemos que entender que el poder económico estaba en manos de los grandes terratenientes de la industria de la caña y del tabaco. Pero por encima estaba el poder imperialista de las compañías de los Estados Unidos. Estas compañías controlaban la industria del café, el tabaco y la caña. Los pobres trabajadores trabajaban de sol a sol por un mísero salario, que al cobrarlo lo debían a la tienda del gran hacendado. El jibaro puertorriqueño era explotado por los grandes terratenientes y Don Luis Muñoz Marín, les prometió a los trabajadores lo que ellos anhelaban. La filosofía de Muñoz Marín estaba basada en las siguientes ideas. (1) La tierra debe de ser de quien la trabaja. (2) Lo que se cosecha trae comida a la mesa. (3) La libertad de ser una isla autónoma independiente de los amos políticos de Washington. Esas eran las ideas básicas de Don Luis Muñoz Marín. Es decir, Muñoz

Marín, le dio al pueblo lo que otros lideren proclamaban en sus respectivos partidos político. El partido de la Independencia quedo casi sin consigna política. De hecho Muñoz Marín le arrebato el símbolo de la bandera de Puerto Rico, que era la bandera que los independistas y los nacionalistas tenían en sus casas. El símbolo político era una bandera con la efigie del jibaro puertorriqueño en rojo en el centro de una tela rectangular blanca. La diferencia del partido independentista y del partido nacionalista era básicamente que los nacionalistas querían y creo que todavía quieren traer la independencia por la fuerza. Recuerdo oír a Don Pedro Albizu Campos decir en sus mítines, que la independencia se paga con sangre no con votos. Pocos recuerdan que Don Pedro Albizu Campos fue coronel del Ejército Americano y era veterano militar del ejército. Albizu, era negro y se dice que fue humillado cuando estaba en el ejército a pesar de tener un alto rango. Albizu era graduado de Harvard y hablaba 7 idiomas. Era uno de los mejores oradores de Puerto Rico. García Méndez, le hacía segundo y tercero era Concepción de Gracia. Muñoz Marín quedaba en la cola porque los otros eran mejores que él de acuerdo a los expertos. Cuando tuve uso de razón empecé a escuchar a estos grandes líderes de Puerto Rico que a pesar que eran enemigos políticos se trataban como hermanos puertorriqueños. Cosa que ya se ve muy poco en los líderes políticos de ahora.

El partido popular democrático fue durante mi niñez y mi juventud el partido que trajo todo lo mejor para Puerto Rico. En el 1948 el presidente de Estados Unidos Harry S. Truman nombro a Don Jesús T. Piñero, el primer gobernador boricua de Puerto Rico. Es decir, ese fue nuestro primer gobernador de sangre boricua. Más adelante le siguió como el primer gobernador político al insigne Don Luis Muñoz Marín. El salario de Muñoz Marín era $12,000 anuales mientras fue gobernador. Fue un hombre muy honrado. Y los que les rodeaban le tenían un respeto absoluto. En el 1952 se creó El Estado Libre Asociado de Puerto Rico.

Es importante recordar que el Acta Jones del 1917 nos dio a nosotros los puertorriqueños la ciudadanía americana. Toda persona que nació o nace después de ese año automáticamente adquiere la ciudadanía americana. Pero eso tiene un precio que más adelante lo explicare.

Doña Felicia Rincón de Gautier fue la primera alcaldesa de la ciudad de San Juan. Indiscutiblemente, "Doña Fela" como le decíamos, era una mujer astuta. Ella decidió disolver el municipio de Rio Piedras para añadirlo como parte del municipio de San Juan. Claro hubo unas elecciones donde el alcalde de Rio Piedras de apellido Álvarez era el contrario de Doña Fela. Álvarez perdió esas elecciones y el municipio de Rio Piedras fue disuelto.

Como dicen no hay mal que por bien no venga, y al pasar Rio Piedras como parte del municipio de San Juan, eso trajo un meteórico progreso de los barrios de Rio Piedras. Todas las calles de los barrios de Rio Piedras fueron embreadas. Se instalaron luces en todas las bocacalles. Se mantuvo limpio las calles de Rio Piedras con el recogido de basura dos veces en semana. Se trajo luz eléctrica a todos los barrios. Se mejoraron todas las escuelas públicas. Se construyeron clínicas y se mejoraron los hospitales. No había que pagar ni médicos ni medicinas si usted tenía la tarjeta apropiada. La mayoría de las casas de gente pobre usted veía una bandera popular en el balcón y un retrato de Muñoz Marín en la sala o la cocina. Claro, esto se fue regándose por todos los pueblos de Puerto Rico. En tiempos de elecciones usted veía en los barrios más pobres, las banderas del partido popular. Se mejoró el transporte público. En fin, yo diría que del 1950 hasta el 1960, Puerto Rico tuvo un desarrollo extraordinario. Muñoz Marín creo la Autoridad de Tierras. Las tierras de los grandes terratenientes pasaron a ser propiedad de la Autoridad de Tierras. Para luego ser convertidas en parcelas. Muñoz Marín le entrego una parcela a la gente que podía probar que la podía cultivar y hacer una casita de familia. Muñoz Marín por medio de lo que se conoció como el banco de la "Farmer Homes" prestaba dinero para que cada parcelero pudiera hacer su casita en su parcela. Claro que la parcela era propiedad de la Autoridad de Tierras. Años más tarde Don Luis Ferre, otro gobernador de Puerto Rico, paso el título de propiedad a los parceleros por un dólar. Don Luis A. Ferre también fue uno de los mejores gobernadores de Puerto Rico. El salario de don Luis A. Ferre era donado a entidades benéficas.

Pero según Muñoz Marín avanzaba en edad, las cosas fueron cambiando en el foro político y empezó a verse una decadencia en la economía de la isla. Empezaron los escándalos en el ambiente político. Empezó el éxodo de puertorriqueños que salían de la isla buscando mejores oportunidades en Nueva York, Chicago, Los Ángeles, etc., etc. Claro este éxodo se vuelve a repetir en varias ocasiones en años venideros.

Muchos puertorriqueños no conocen la historia de Puerto Rico, por lo tanto, me veo en la obligación de recordar cosas importantes de nuestra historia. Cristóbal Colon descubrió América el 12 de octubre del año 1492 haciendo tierra en una isla que llamo San Salvador que hoy día forma parte del archipiélago de las islas Bahamas. Es aceptado oficialmente que el 19 de noviembre de 1492 Cristóbal Colon y su tripulación llegaron a un puerto que el llamo San Juan Bautista. Hoy día es la capital de Puerto Rico.

Sobre el desembarco en esta Isla, existen varias versiones sobre el lugar donde fondearon las naves. Unos historiadores dicen que el desembarco fue por Aguadilla, otros por Guayanilla, Mayagüez, Añasco, Rincón, o por Boquerón. Lo importante es que Cristóbal Colon fue el primer hombre blanco que piso nuestras tierras.

La codicia arropo a los colonizadores que lo que le importaba era el oro y otro metales preciosos y los diamantes y otras piedras preciosas. Los indios tainos no estaban acostumbrados a ser esclavos de nadie. Los indios caribes tenían un historial de ser un pueblo belicoso y bravo que les gustaba pelear y defender su honor. Los indios caribes también eran antropófagos. Los indios caribes huyeron a otras islas al sur de Puerto Rico y luego a la costa caribeña de Sur América.

Los españoles se vieron obligados a traer esclavos de África. Mayormente los esclavos provenían de Nigeria y otros países aledaños. Despierta una ola de ataques bucaneros y corsarios de Francia, Holanda, Inglaterra y los españoles se vieron obligados a construir grandes fortines para defender las tierras que habían colonizado. Pero también con ellos trajeron las plagas de enfermedades venéreas que hicieron estragos en las tierras conquistadas. Dicen que la iglesia católica no pudo contener o por lo menos se hicieron los que no veían los estragos que los colonizadores hacían a nombre de la iglesia y el imperio español. Cuando empezó a escasear el oro y otros metales preciosos, los españoles se vieron obligados a colonizar otras tierras. De ahí van a las otras islas del caribe, centro y sur américa.

Cuando los norteamericanos llegaron a nuestras playas en el 1898, ya en la isla de Puerto Rico no había metales ni piedras preciosas. Lo único que quedaba era la tierra para cosechar la caña y el tabaco y claro, eso comienza una nueva etapa en nuestra historia.

Al comienzo del siglo 20 el panorama económico de Puerto Rico era muy pobre. Básicamente el café era la base de la economía agraria. También se sembraban frutos menores. Pero todo estaba controlado por los nuevos amos terratenientes y por supuesto las grandes compañías americanas. Claro está, que este panorama imperialista se ve en otras islas del caribe y de países centro y sur americanos. Es importante recordar que Estados Unidos no es el único país imperialista, todo esto se repite con los gobiernos de otros países como por ejemplo, Inglaterra, Francia, Italia y Portugal. La lista es larga.

En el 1898 la isla paso a ser un territorio de los Estados Unidos y todavía cuando escribo estas notas, la isla continua siendo una posesión de los Estados Unidos. En otras palabras, seguimos siendo una colonia hasta que el congreso de los Estados Unidos decida qué hacer con el status político de esta isla. Es decir, somos y no somos. La isla desde esa fecha hasta hoy ha gozado en mayor o menor grado de cierta autonomía local. Sin embargo, no ha habido un cambio en las leyes de cabotaje, lo cual implica que la isla no tiene un mercado libre. Somos un mercado cautivo. Tampoco no ha habido un cambio en las leyes de inmigración. La isla ha sido invadida por gentes de otras islas vecinas en mayor grado y en menor grado por gentes de centro y sur américa. Estos dos problemas mencionados hacer perdurar en la isla unos gobiernos de turno, con la anuencia de los amos del norte. Desde aproximadamente el 1900 hasta el 1940, las grandes corporaciones americanas controlaban la agricultura. Pero como Muñoz Marín trajo una especie de socialismo, entonces las grandes corporaciones de los Estados Unidos se movieron para controlar otros segmentos del mercado isleño.

En la primera parte del siglo 20 la isla fue azotada por una serie de huracanes que hicieron estragos a la agricultura. Recuerdo que la gente mayor que yo hablaban de San Ciriaco (no me recuerdo la fecha), San Ciprian (1928), San Felipe (1932), que eran los nombres de esos huracanes. Antes tanto los hijos que nacían como las tormentas, llevaban los nombres del santo del día. En esa época el almanaque de 365 paginitas estaba en todos los hogares y marcaba el paso de la gente y de los huracanes.

La gran depresi6n en Estados Unidos durante los años 30 afecto la economía de la isla. Muchos municipios carecían de los más elementales servicios tales como; escuelas, hospitales, energía eléctrica, agua potable, servicios de salud, carreteras, facilidades recreativas; etc., etc. El gobierno quizás no tenía los recursos economicos necesarios para proveerlos o quizás eso no era una prioridad para ellos. En los campos donde vivían la clase trabajadora las condiciones existentes eran peores aun. Ellos vivían como podían, día a día, muchos arrimados a alguno que otro terrateniente, y sin la esperanza de que las cosas mejoraran algún día. A este mundo de pobreza que embargaba a la isla de Puerto Rico, fue a lo que yo empecé a conocer según iba creciendo.

LA MISERIA EN LOS BARRIOS POBRES DE PUERTO RICO

Debemos de recordar que en la década del 30 tanto Estados Unidos como Puerto Rico sufrían de un problema económico horrendo. No tan solo había hambre en la nación americana sino que había mucha hambre en los pobres de Puerto Rico. Desgraciadamente yo vine al mundo cuando había todo estos problemas económicos. Como dije anteriormente yo nací el día 25 de enero del 1938. Mi padre era Pedro Rivera de Gracia y mi madre Benigna Díaz Hernández. El matrimonio procreo 11 hijos de los cuales yo era el del medio. Es decir, había 5 antes que yo y 5 después de mí. Mi madre era ama de casa y mi padre era de oficio carpintero. Por suerte de la vida, mi padre se convirtió en maestro de obra, una especie de ingeniero civil. En esa época un octavo grado era como tener un diploma de escuela superior porque la enseñanza era una mescolanza del sistema español y el sistema americano. Mi padre empezó a construir casas, edificios y hasta puentes. En pocos años amaso una fortuna. Eso era al principio del cuarenta. Tan es así que llego a ser unos de los hombres más ricos de Rio Piedras.

Mi madrina y padrino vivían al lado de la propiedad de mi padre en la calle Colon del barrio Buen Consejo de Rio Piedras. Mi madrina me cuidaba desde que nací y me cogió mucho cariño. Su esposo que le decían Lolo era hermano de mi padre. Se encontraba muy enfermo a causa de una caída que posiblemente le causo una hemorragia cerebral.

Yo siempre he tenido muy buena memoria y recuerdo (a pesar que yo tendría menos de tres años) que yo veía a mi tío Lolo caminando con gran dificultad, agarrándose de las paredes para ir hacer sus necesidades biológicas a la letrina que en esa época quedaba fuera de la casa. Una vez yo recogí unas matitas de una mata que le llamaban "plenetaria" y le hice un té a mi tío. Él desde su cama y rodeados por otras gentes de la familia, le dijo a todos, "cuiden a este nene, porque este nene algún día va a ser algo grande." Yo veía como día a día mi tío se le iba apagando la vida. Llego aquel inolvidable día tan trágico para todos en la familia que mi tío Lolo murió en el 1941. Quizás tenía 40 años cuando murió. Recuerdo esta fecha porque a poco tiempo Japón le declaro la guerra a los Estados Unidos.

Al quedar mi madrina viuda, ella fue a mis padres y les dijo que si ella podía quedarse conmigo para aliviar la soledad de perder a mi tío Lolo. En ese tiempo eso era costumbre, es decir, criar a un niño sin que mediaran papeles legales. Mis padres accedieron a la petición de mi madre de crianza que se llamaba Josefa Colon Miranda. Tendría ella quizás 39 años cuando paso a ser mi madre de crianza. Yo tenía quizás menos de tres años cuando este traspaso de "propiedad" ocurrió.

Mis padres y hermanos y hermanas se mudaron a un barrio exclusivo de esa época que se llama Santa Rita. Allí vivían los riquitos de Rio Piedras en esa época. Yo empecé a crecer y veía a mi familia de vez en cuando. Yo tendría como cinco años cuando Doña Pepa (que así llamaban a mi madre de crianza) me dijo un día. "Nene yo te voy a decir una cosa muy importante. Tú no eres mi hijo legítimo, tú eres mi hijo de crianza. Tu papa es Pedro y tu mama es Benigna. Dime si quieres irte con ellos, o quieres quedarte conmigo." Esas palabras eran muy difíciles para mí, pues yo tenía que hacer una decisión a muy temprana edad. Yo sabía quién era Pedro y quien era Benigna. No sabiendo que decir, yo le dije a Doña Pepa. "Mañana te contesto." Entonces, esa noche yo pensé muchas cosas. Por un lado, mi papa era un hombre muy rico y Doña Pepa era una viuda muy pobre. Por otro lado, yo era el centro de su vida y mis hermanos de crianza; Toña, Carmelito, y Manuel era muy buenos conmigo. Todos ellos me querían mucho y yo era para Doña Pepa, lo más grande que había en la vida.

Al otro día Doña Pepa me pregunto; "Nene que decidiste." Y yo le conteste; Yo quiero a Benigna y a Pedro porque ellos son mis padres verdaderos, pero yo quiero quedarme contigo y de vez en cuando poder ver a mis padres y a mis hermanos verdaderos. Ella me contesto. "Bueno, nene así se hará mientras yo viva. Yo soy pobre pero a ti nunca te faltara nada. Si yo tengo que comer tierra eso lo hare con gusto, para que algún día tu tengas tu educación. Espero que tengas la educación que yo no tengo. Yo apenas se leer y escribir y soy una mujer viuda y pobre pero saludable y fuerte. Tú vas a ser la persona que me acompañara hasta mi vejez."

Doña Pepa siempre me llevaba a donde quiera que ella fuera porque yo era un niño y ella no confiaba en nadie que me cuidara. Eso fue una gran ventaja para mí porque empecé a conocer a toda la familia por parte de ella y por parte de mi papa y de mi mama. Mis tíos y tías siempre me hacían la misma pregunta en repetidas ocasiones. ¿A quién tú quieres más, a Pepita o a Benigna? Claro mis tíos y tías no sabían que yo era un tipo muy astuto. Yo siempre contestaba; "Yo las quiero a las dos igual."

A mí nunca me falto ropa, zapato o comida. Cuando me enfermaba siempre me llevaban a los mejores doctores. Tuve la dicha de asistir desde kínder hasta escuela superior a unos de los mejores colegios privados de aquella época, Yo estudie mi escuela elemental y superior en el Colegio San Antonio de Rio Piedras. A esa escuela iban solos los riquitos del pueblo. Yo empecé a estudiar en el 1944 y termine mi escuela superior en el 1956.

Durante mi tiempo en el Colegio San Antonio de Rio Piedras yo era un tipo que no estudiaba. Todo lo que escuchaba me lo grababa en la mente. Yo nunca estudie para un examen. Todo lo veía muy fácil. Mi inclinación era las matemáticas y las ciencias. Me gustaba mucho el álgebra y la geometría. También me gustaban las otras ciencias.

Cuando yo era niño, viviendo en un barrio de Rio Piedras, donde la policía no se atrevía a entrar, las cosas que vi eran bastantes duras para mí. Las calles no estaban pavimentadas. Cuando llovía se formaba un camino lleno de lodo y tierra que no se podía caminar. Había varios cafetines y colmaditos donde la gente iba a comprar lo que necesitaban.

Había una esquina que le llamaba la esquina de Pedro Mangual. Bueno, Pedro Mangual y su esposa Teresa tenían en una esquina el edificio más grande del barrio. El segundo piso era donde ellos vivían. El primer piso a un lado tenía un colmado y en él otra lado una barra y un cafetín.

Los fines de semana se arremolinaban los mozalbetes del barrio a tomar ron caña y cerveza. Cuando el licor se iba a la cabeza empezaban las peleas. Se peleaba al puño, o con cuchillas, o con machetes. Como no había ni radio ni televisión, eso se convertía en una especie de evento donde la gente o la multitud se acercaban a ver las excitantes peleas. El hospital de Rio Piedras quedaba al final de la calle Buen Consejo. Usted veía todos los fines de semanas variaciones de peleas y al final los que perdían los llevaban al hospital o a la cárcel o ambos. Mi mama no me dejaba ir a ver las peleas pero yo siempre me las buscaba para escaparme y ver esas grandiosas batallas. Siempre corría la sangre. Yo me acostumbre a ver esas peleas como si fuera parte de mi vida cotidiana y me gustaba ver la sangre correr. Ahora entiendo la excitación de las peleas en el Coliseo de Roma y lo que sentían los emperadores romanos.

En ese tiempo no había ambulancias o si las había, era para gente rica. Usted veía llevar a los heridos bien sea en hamacas, o en una cosa que le llamaban parihuelas, o simplemente Don Pedro Mangual llevaba al herido en la plataforma de su camión. Mangual era unos de los pocos que tenían un carro y un camión en ese tiempo.

Frente a la esquina de Mangual había una barbería de Tomas el barbero. Allí había un señor que sacaba muelas. No había dentistas en ese barrio. Aquel señor te metía una "llave" y te sacaba una muela por un dólar. Una "llave" era una forma de agarrar a una persona para que no se moviera. A veces sacaba la muela o diente a sangre fría y después te echaba un poco de ron para aminorar el dolor. Había un barbero por la "loma del viento", que era otra parte del barrio que el barbero te recortaba por diez centavos pero no te peinaba. Un recorte con peinado y perfume costaba una peseta. A los niños lo recortaban en la falda del barbero.

Para sanar dolores de estómagos, resfriados, fiebre, etc. Lo que hacían que te daban un té de unas hojas de plantas. Había una señora que le decían "la bruja' que curaba a la gente a base de plantas. También usaban las palomas para hacer un caldo a las mujeres recién paridas. Para las heridas y cortaduras se usaba el mercurio cromo o tinte de yodo. Para el dolor de oído, te echaban el jugo de una planta que machacaban. Ese juguito era caliente y desbarataba la cerilla del oído. Después te soplaban el oído. Esa era la especialidad de otra señora que le llamaba Doña Yuya.

Doña Pepa, mi madrina, era costurera. Hacia trajes, ruedos de pantalones, cocía pañuelos, en fin todo lo que fuera costura. Ella enseño a su hija Toña, para que aprendiera el arte de la costura. Toña se convirtió en una experta costurera en todo lo que fuera telas. Te hacia un traje a la medida con tan solo mirar la foto del traje en un catálogo. Yo me acostumbré a verlas cocer en una maquina "Singer" bien anticuada de pedales.

En ese barrio había una serie de personas que se dedicaban a una especialidad. Había zapateros, costureras, sacamuelas, comadrona, en fin una serie de especialidad que no había que ir al pueblo para nada. También había negocios de todas clases. Es decir, colmado, cafetines, funerarias, ebanistería, mecánica de carro, en fin había de todo.

Había unos tipos que le llamaban MALOTES. Es decir, gente que no le temían a la muerte. Ellos, se reunían en las esquinas y veían a la gente pasar. Ellos escogían sus víctimas. Mayormente te pedían un vellón o una peseta. Hasta te aceptaban un chavo, o una cerveza o un palo de ron. De lo contrario te podían dar un apretón de oreja o una herida con una sevillana. La sevillana era una cuchilla bien afilada.

Había otros tipos que se dedicaban a robar. Había uno que se llamaba "Cachipa." Pero Cachipa era un pillo decente. Te robaba la gallina y después te invitaba a comerla. La gente tendía la ropa para que se secara y venia un tipo que le llamaban Cachiche y te la robaba. Había una agencia de rentar bicicletas por una peseta la hora. Mi primo Pepe alquilo una bicicleta por una hora y pago una peseta. Luego fue y se la vendió a Rubén. Cuando Rubén guardo la bicicleta mi primo fue y se la robo de nuevo y la volvió a vender. En fin, vendió la bicicleta cinco veces y tuvo una ganancia exorbitante. Nunca se supo que paso con la bicicleta.

Mi madre de crianza era una persona pobre y humilde como dije anteriormente. No había recibido una educaci6n formal, pero sabía firmar su nombre. Yo tenía que leerle la correspondencia. Quedo viuda diría yo bien joven, quizás 39 años. Tenía mal genio con el resto de la gente, pero siempre me trato con amor y respeto. Quizás tuvo ideas de casarse, pero como era católica, apostólica y romana como decían en aquel tiempo, no podía hacerlo porque la iglesia católica lo prohibía y además la sociedad también lo prohibía o era una cosa escandalosa. Por lo tanto nunca volvió a casarse, pero si tuvo uno que otro amigo pero de afuerita como decían en aquella época. Es decir, podría besarse, pero no podía haber actos sexuales.

Mi mama se dedicaba a las labores domésticas; como cocinar, lavar, planchar, y mantener la casa bien limpia. Además de eso era costurera.

Como dije antes, mi papa era maestro de obra y tenía a su cargo muchos empleados. El trabajo en la reparación de las murallas del Morro en San Juan. Un pariente llamado Toñito Barreto lo enseño a leer planos y bregar con empleados. Luego fueron a reconstruir un puente sobre el Rio Blanco cuya corriente desemboca a playa de Naguabo, que aún existe tal y como ellos lo hicieron.

En aquella época también se dedicó a reparar caminos y convertirlos en carreteras. En ese tiempo no había maquinaria. Todo se hacía con el musculo del hombre. Como decían "a pico y pala." El concreto se mezclaba a mano. Los carpinteros hacían los moldes de madera y luego de poner las barrillas, entonces mezclaban el concreto a mano. Luego llenaban los moldes y a los dos o tres días, quitaban los moldes (esto le llamaban "desembrar") y quedaban las estructuras de concreto. Esas estructuras duraban toda una vida. Muchas de esas estructuras todavía existen.

También recuerdo la época donde la industria de la caña era un recurso importante para Puerto Rico. Mi papa tenía una finca y allí tenía sembrada caña y un ingenio. Había un caballo que daba vuelta a un molino. Ahí era que se exprimía la caña y se recogía el jugo de caña en un barril de metal. La capacidad de cada barril eran 55 galones. Mi papa vendía el jugo de la caña a las centrales azucareras. Las centrales azucareras se dedicaban hacer el resto del proceso. Existen muchos productos donde la materia prima era la caña de azúcar. Por ejemplo; azúcar negra o morena, azúcar blanca refinada, acetona, guarapo, ron, etc., etc.

Los obreros de la caña trabajaban de sol a sol por un dólar diario. La vida para esa gente no era fácil. Estaban expuestos a todas las inclemencias del tiempo, un sol candente que parte piedras, culebras, el pica-pica, heridas con los machetes. Temprano en la mañana tomaban un pequeño desayuno de café y pan. A las nueve de la mañana tomaban un café y quizás pan o agua o cualquier combinación de los tres. Al medio día un pequeño almuerzo de harina de maíz, café, y quizás un bacalaíto frito.

Para romper la monotonía los obreros empezaban a cantar y de ahí nacieron muchas de las canciones populares que conocemos hoy día. Los temas eran variados por ejemplo; amores fracasados, lamentos, canción a la novia o esposa, canciones de protesta, etc., etc.

Me llamaba mucho la atención, lo bonito que eran los campos de Puerto Rico, la fauna, la flora y el perfume que se respiraba. Mucha de la fauna y la flora de aquellos tiempos ha desaparecido. Otras todavía se escuchan, por ejemplo; el cantío del coquí, el cantío del gallo, en la madrugada las gallinas y pájaros anunciando la llegada de un nuevo día, y por último el bello amanecer de los campos puertorriqueños.

El olor de tierra fresca, fecunda y embriagante, la neblina de algunas mañanas, los cucubanos en la noche, el maullido de las reses, etc., etc., son otros gratos recuerdos.

Mi papa tenía un camión y un carro en aquella época. El camión era de marca Chevrolet del 1941. El carro era un Ford-T del 1935 de dos puertas. Luego según iba creciendo la familia mi papa cambiaba los carros. Tuvo muchos vehículos. El último era un Chrysler Imperial del 1948. Mi papa nunca aprendió a guiar. El tenía siempre un chofer de empleado. El chofer pasaba el día y quizás parte de la noche con él. El chofer también era su guardaespaldas porque mi papa siempre cargaba mucho dinero en los bolsillos. Mi papa no creía en los bancos porque él decía que los banqueros eran unos pillos. A sus empleados siempre les pagaba en efectivo usando unos sobrecitos.

Algunos domingos mi papa me venía a buscarme para llevarme con mis hermanos a pasear alrededor de la isla de Puerto Rico. Pocas personas tenían carro en esa época. Por las carreteras de vez en cuando se veía un vehículo de motor. Los choferes siempre se saludaban y había mucho respeto entre ellos. A mí lo más que me impresionaba era ver los cañaverales. Era bello e impresionante el panorama, Se veía como una sábana blanca. Era que la flor de la caña estaba anunciando la buena cosecha. Es decir, los obreros tenían trabajo para mantener a su familia. Los obreros Vivian en lo que se llamaba las colonias. Eran pequeñas casitas que quedaban dentro de los grandes cañaverales.

PUERTO RICO TRATA DE SALIR DE LA MISERIA

En Puerto Rico de esa época la mayoría de las casas campesinas eran techadas de paja, y las paredes eran de yaguas. El piso era de tierra. En la entrada a la casa siempre había un batey. Más lejos se veía una tormentera, por si acaso venia un temporal. En la cocina había un fogón de tres piedras. Se usaba leña para producir el fuego necesario para cocinar comida. Sobre las tres piedras se colocaban las ollas para hacer la comida. Para dormir habían hamacas o catres. El catre se cerraba durante el día y se abría solo de noche. Había una mesa pequeña con un par de bancos de madera para comer. Había que ir al rio a buscar el agua en unos latones de tres o cuatro galones. No existían facilidades sanitarias. La letrina quedaba fuera de la casa para uno hacer sus necesidades biológicas. La letrina era realmente un foco de enfermedades producidas por insectos, bacterias y virus.

La ausencia de facilidades sanitarias hacia propicio las enfermedades gastrointestinales. Particularmente afectaban a los niños y jóvenes que deambulaban descalzos. Aun en los barrios pobres como el que yo vivía solo había letrina. Yo padecí de muchas enfermedades gastrointestinales, ejemplos, las lombrices y los gusanos. En las quebradas y otros cuerpos de agua había toda clase de mosquitos, bilarhzia, y otros tipos de enfermedades.

El batey, era el sitio de reunión, con varias piedras o bancos a su alrededor para sentarse. A los lados se sembraban plantas de flores tales como los jazmines y tulipas (gardenias) y rosas de todos colores, que embellecían la entrada de la casa. Como no había ni radio ni televisión el único pasatiempo era hablar o chismear hasta que cayera la noche. Luego se tomaba café o un té de jengibre y para la cama a aumentar la población.

Según Puerto Rico iba progresando las casas de paja y yaguas iban desapareciendo y en su lugar se hacía una casa de madera. El piso era de madera y el techo era de zinc. Usualmente las casas estaban levantadas en socos para un cimiento fuerte para la madera y evitar que la humedad dañara la madera. Y el resto del mobiliario, enseres doméstico, etc., etc. iba modernizándose. Abundare sobre este tema más tarde.

Recuerdo ver en los campos distintos árboles frutales tales como; corazon, quenepas, mangos, tamarindos, jobos, mamey, y otras matas cuyo fruto o raíz era usada para comer como por ejemplo; malanga, yautía, ñame, batata. También debo mencionar el achiote que se usaban para darle color a las comidas. Muchas gentes tenían otras yerbas medicinales y árboles que no se ven hoy día. Más tarde tratare de incluirlos. El árbol de higüera era muy útil porque del fruto se hacían envases para echar arroz y otros granos y hasta líquidos como el café De la higüera se sacaba la famosa "dita" que tenía múltiples usos. Con una dita usted también podía hacer una jataca para sacar agua de otro envase más grande. Los músicos la usaban para hacer maracas. En fin la higüera era y es un árbol muy útil. Desgraciadamente ya no se ve tanto como en el tiempo de antes. Ese es el precio que pagamos por el modernismo.

Había otro tipo de higüera, que era más alargada. La gente la usaba para hacer güiros y hasta cucharas grandes para mover arroz o viandas. Estos utensilios eran muy básicos y muy conocidos en mi niñez. Mi mama tenía un sembrado en la parte de atrás de la casa que era muy común en aquella época. Ella sembraba hierbas medicinales. La gente la usaba para curar ciertos problemas de salud. Por ejemplo, recuerdo; sábila, yerba-buena, ruda, eucalipto, guanábana, tuatúa, manzanilla, tau tuba y otras que por desgracia no recuerdo.

Mi mama también tenía siempre un criadero de gallinas. La gallina ponía huevos, muy buenos por cierto. Se usaba la gallina para hacer una serie de platos tales como; arroz con pollo y el famoso "asopao". De vez en cuando criaba un cerdo. Del cerdo se hace también una serie de platos típicos puertorriqueños, tales como; morcilla, lechón asado, arroz con carne de cerdo, chuletas, costillitas, chicharon volao y muchos más. La comida que sobraba no se votaba. Se usaba como comida para criar al cerdito. También había gentes que compraba los desechos de comida para la crianza de cerdos al por mayor. Todavía usted ve que muchos continúan utilizando estos métodos. En esa época de pobreza la gente usaba todas estas cosas y usted veía que la gente estaba gorda y colora. Yo veía que tanto en mi casa como otras casas el desayuno consistía de cualquier combinación de lo siguiente; café con leche, o prieto, pan, avena, harina de maíz, jugo de alguna fruta. El almuerzo o la comida consistía de cualquier combinación de lo siguiente; marota, arroz, habichuelas, bacalao, carne de res o cerdo, sopa de res, sopa del hueso de la res, sorullos de maíz, bolas de plátano, etc., etc.

La gente usualmente trataba de vestir con ropa limpia y planchada. La ropa no se votaba. La gente la remendaba y seguia usando hasta poder comprar algo nuevo. La ropa remendada no era ofensa ni humillación. Los cuellos de las camisas y los puños eran almidonados. La ropa blanca se blanqueaba con añil. Las planchas eran de metal y se calentaban con leña o con carbón.

En mi barrio había mucha gente que andaba descalza. El que podía usaba zapatos. Pero los zapatos también se le ponían una media suela para que duraran más. Los hombres le ponían herraduras al taco y el frente del zapato. De esa forma los zapatos duraban más. Había gente que no usaba medias. Otros usaban medias pero también era usual remendar las medias hasta más no poder. Para el cuatro de julio y el día de reyes, los hombres vestían de traje blanco y zapatos blanco y marrón o blanco y negro. Los rotitos de los zapatos les metían color blanco usando un palillo de dientes. Como yo era hombre me enfocaba en lo que los hombres usaban. Las mujeres de edad usaban trajes de manga larga. Las mujeres jóvenes usaban trajes sin escotes y que cubrieran las rodillas. Cuando las mujeres se sentaban nunca se podía ver los muslos. Exhibir trajes con mucho escote y más arriba de las rodillas era muy común en las prostitutas. Esas si exhibían todo lo que se pudiere para buscar las victimas de su negocio. La prostitución existía pero se practicaba en ciertos negocios y siempre había un hombre en la puerta controlando la entrada. Ese señor también se encargaba de echar afuera a los indeseables. Los cogían como un saco de papas y lo lanzaban afuera y caían como guanábanas al pavimento. En mi pueblo había un negocio que se llamaba EL DANUBLIO AZUL que realmente decían que era un prostíbulo. Yo no sé si eso era cierto.

Los hombres se peinaban con cualquiera de los siguientes; brillantina Halka, brillantina Flor de Rosa, etc., pero también se usaba la manteca "el cochinito" que se usaba para cocinar también. A mí me gustaba Glostora que era una brillantina liquida que dejaba el cabello bien sedoso y el peinado duraba todo el día. Otros usaban vaselina.

Mi mama por la noche antes de acostarnos me decía cuentos. Esta práctica era muy común en esa época, ya que no había radio, ni televisión. Cuentos tales como; Juan Bobo, Caperucita Roja, El Cuco, Blanca Nieves, etc., etc. Había gente que eran expertos en la materia y cobraban por hacer cuentos de hadas y de otros autores. Los poemas también eran parte del repertorio. También se cantaba canciones infantiles.

Recuerdo también que por el día o temprano la noche se oían a los revendones que venían por las calles vendiendo sus cosas; ejemplos, el botellero que cambiaba chinas por botellas, también los pregoneros vendían lo siguiente; mondongo, pescado, el afilador de tijeras y cuchillos era un señor que se anunciaba con una sinfonía de boca y uno se tenía que poner las manos en la cabeza para buscar la suerte, el señor que estiraba los colchones, el señor que vendía viandas y vegetales, los tiestos, el limber, mantecados, maní tostado, panas de pepitas, mabí y muchos otros. Es decir, uno no tenía que ir al mercado. Los pregoneros venían vendiendo las cosas por las calles del barrio de mañana o temprano en la noche.

Los árabes también venían vendiendo por las calles telas, trajes, zapatos y otras chucherías. El quincallero vendía utensilios para la cocina. Esas cosas ya no existen como solía verse en esa época.

El Departamento de Sanidad del gobierno tenía control sobre las ventas de las carnes, leches o pescado. Todos los pueblos tenían una plaza del mercado donde se vendía de todo mayormente productos agrícolas o avícolas y productos lácteos. Pero también usted podía comprar otras cosas.

No solo en los barrios como el que yo vivía, sino en muchos campos y pueblos de aquella época donde quiera que había licor, o peleas de gallo siempre terminaban la gente peleando, bien sea al puño o con machetes. La sangre corría por las riñas y disputas entre amigos, vecinos, la deslealtad en el matrimonio o noviazgos (en Buen Consejo le llamaban "cuernos"). Yo siempre oía la gente decir, "a fulano o a fulana le pegaron cuernos." Como yo era muy religioso no sabía de lo que hablaban. Claro más tarde aprendí. Todas estas peleas terminaban en alguien perjudicado. Había tres caminos; el hospital, el cementerio, o la cárcel.

La mayoría de los hombres andaban armados. Una sevillana, un puñal, una cuchilla con hoja larga y hasta machetes en la cintura. Había un señor que siempre andaba con un tubo, otro andaba con un "blackjack." Los viejitos andaban siempre con un bastón de ausubo que era una madera dura. También usaban el guayabo que era otra madera dura. Muy poca gente andaba con pistolas porque costaban mucho. Los veteranos de la guerra siempre traían un Colt 38 o una pistola 45 alemana.

En los barrios se jugaba la bolita. Usted veía al "bolitero" vendiendo números porque la gente jugaba a ver si se pegaban y salir de pobre. Se jugaba también la lotería de Santo Domingo, ya que siempre había muchos dominicanos en mi barrio expatriados por el rudo régimen de Rafael Leónidas Trujillo en Santo Domingo. Los radios de onda corta captaban la señal de las emisoras de la capital dominicana. La lotería de Puerto Rico vino muchos años más tarde.

Es bueno señalar que muchos expatriados de las dictaduras de; Santo Domingo, Haití y Cuba iban a parar a Puerto Rico. Mucha de esa gente vino a contribuir con su talento a la causa del país. Recuerdo oír el programa del cubano, Guillermo Portables, quien fue muy famoso en aquella época. Yo oía casi todos los días su programa de Punto Cubano y sus guajiras. En los periódicos siempre se hablaba de Rafael Leónidas Trujillo, dictador de Santo Domingo, Prio Socarras de Cuba y Papa Doc Duvalier de Haití. Se hablaba solo de las atrocidades que ellos hacían en sus respectivos países. Más tarde vino otro en la figura de Somoza en Nicaragua. Sin embargo, todas estas dictaduras eran patrocinadas por el Departamento de Estado de Estados Unidos. Para complicar la cosa los americanos enviaban la marina de los Estado Unidos para apaciguar cualquier ataque contra los dictadores. Cualquier insurrección en contra de los dictadores era aplastada por bien sea el ejército o la marina de los Estados Unidos. Esa etapa de la historia de la isla no me la contaron. Todo eso yo lo viví y lo vi con mis propios ojos o lo oí con mis propios oídos. A pesar de la pobreza, Don Genaro, mi vecino tenia radios de onda corta y radios domésticos y ponía los programas a todo volumen y la gente se sentaba en la sala y los que no cabían, en el patio de su casa para escuchar la radio porque nadie más tenia radio en el barrio. Es curioso decir, que el señor había venido de Santo Domingo.

LA SEGUNDA GUERRA MUNDIAL Y SUS EFECTOS EN PUERTO RICO

En los principios del cuarenta hasta el 45 el tema principal de la radio y los periódicos era la segunda Guerra mundial. Tanto la guerra de Hitler como la guerra de Hirohito. Habían canciones condenando la guerra y a los alemanes y los japoneses. De vez en cuando por la noche había lo que llamaban "blacao" que en ingles correctamente se dice "blackout." Las centrales eléctricas apagaban todas las luces y se quedaba Puerto Rico en tinieblas. Entonces usted veía las luces potentes de los reflectores desde tierra buscando en el cielo los supuestos aviones enemigos. Yo sabía que había blacao porque primero sonaban una sirena y todo se quedaba en tinieblas. Cuando terminaba sonaba otra sirena y entonces prendían las luces. Para esa época ya en mi casa había luz y agua.

Después que tío Lolo murió, mi mama compro una casa por $300.00 La casa tenía un balcón de cemento, y el resto de la casa era de madera techada de zinc. El piso era de madera y estaba montada la casa en socos de madera tratada o madera de mangle. La letrina estaba atrás de la casa en el patio. Atrás había un jardín y un árbol de panapen y otro de guanábana. Había un árbol de grosellas o cereza y otro de aguacate. La casa tenía tres cuartos grandes. En esa casa pase yo los mejores años de mi niñez. Por las noches no se cerraban las puertas y se dejaban abiertas la ventana que eran de dos hojas que abrían para afuera. De esa manera circulaba el aire fresco de la noche. No existía la preocupación de que se metieran los pillos.

Desde el balcón yo veía a veces los dirigibles del tipo Zeppelín que volaban por el aire. Los dirigibles eran comunes en esa época de la guerra. Mi mama tenía un hermano, mi tío Rafael Colon, que vivía en la calle "O'donnell", en San Juan. Casi todos los domingos lo íbamos a ver. Desde la azotea del edificio, yo veía los buques de guerra anclados en los muelles en el sector de la marina de San Juan. Por donde quiera usted veía muchos marineros y soldados americanos. En San Juan también estaba "Fort Brook" que era para aquella época donde estaban estacionados soldados del ejército americano. Había un hospital que se llamaba Ballaja y luego le cambiaron el nombre a Hospital Rodríguez. Allí estaban los heridos de la guerra. En Isla Grande había un aeropuerto perteneciente a la marina, porque en ese tiempo no existía la FUERZA AEREA. Yo veía los aviones de un solo motor que aterrizaban allí. En esa época en San Juan había un convento para los que aspiraban ser sacerdotes. Todavía el trolley se veía en la plaza de Colon. A mí me gustaba ir a San Juan porque me encontraba en otro mundo. El aire del mar y su olor embriagante se podía respirar. Eso era aire puro para mí. En mi barrio uno tenía que acostumbrarse al perfume de las letrinas. Usted veía los vendedores vendiendo juguetes para los niños. Lo que más me llamaba la atención era el señor que vendía los globos de múltiples colores. Había otro señor que vendía chicle Adams por un centavo. El sabor de menta me dejaba la boca fresca. Otro señor vendía piragua en un cono por un centavo. Había muchos sabores, pero mi predilecto era frambuesa o de coco.

En el periodo de la guerra había muchos marineros y soldados en el área de San Juan. Los prostíbulos estaban en el área de la marina. Mi tío no me dejaba ir por esa ruta porque era prohibida. En la calle Fortaleza había un cine que se llamaba creo que el Rialto que quedaba al lado de "la barandilla." Frente a una academia católica donde estudiaba mi prima. Ahí también se veían muchos "títeres" haciendo chistes y echándoles flores a las chicas que pasaban por frente a ellos. Mi tío me decía que no fuera a la barandilla porque había gente mala.

PASATIEMPOS ANTIGUOS DE LOS NIÑOS DE PUERTO RICO

Frente a mi casa había niños de mi edad y mi mama me dejaba jugar con ellos. Habían varios juegos tales como; bolita y hoyo, villalba, la gallinita ciega, carritos hecho de cajas de fósforos y ruedas de chapa de coca cola, el trompo, el yoyo, empujar una rueda vieja de bicicleta. Nosotros les quitábamos los rayos a la rueda de la bicicleta y la empujábamos con un alambre en forma de garfio que controlaba la rueda. También usábamos la rueda vieja de un Ford que le llamaba "Ford de patitas." En los arboles colgábamos columpios y nos mecíamos hasta que nos cansábamos. También jugábamos pelota. Por pelota usábamos un bolillo de hilo vacío. Por bate usábamos un palo de escoba. Las bases las marcábamos en la pura tierra porque las calles eran de tierra.

Le sacábamos la rueda de metal que tenían los barriles y con un garfio de alambre las corríamos como hacíamos con las ruedas de bicicletas.

Jugábamos también "al esconder." En este juego un niño se tapaba los ojos y los otros nos escondíamos. Luego el niño se destapaba los ojos y cuando encontraba al otro niño entonces a ese le tocaba cerrar los ojos y el resto se escondía. Y el juego seguía repitiéndose.

Según fui creciendo yo me inventaba otros juguetes con las latas de la leche condensada. Los otros niños se quedaban maravillados con mi invento de varias latas entrelazadas con alambre. Yo daba vuelta por medio de un hilo que se llamaba "currican" a la lata principal. La lata principal al dar vueltas hacia dar vueltas a las otras latas. Es lo mismo que ocurre con el mecanismo de un reloj de cuerdas. Ya yo había estudiado el mecanismo de un reloj de cuerda viejo que me encontré en la basura. Aquí creo yo, que empezó a salir mi habilidad para diseñar cosas que yo llamaba "mis inventos." De ahí nace mi habilidad para el diseño que luego me ayudó mucho cuando me hice ingeniero.

A veces me enzorraba y entonces me iba al periódico a llenar los famosos juegos de crucigramas. Un día uno de mis hermanos me enseño a jugar un juego que le llaman "damas." Me lo aprendí tan bien que luego mi hermano no quería jugar conmigo porque yo siempre le ganaba.

Mis hermanos de crianza mayores me empezaron a comprar juguetes de los que venden en la tienda. Mayormente era carritos de madera o de goma. Todavía el plástico no se había inventado. También me compraban rompecabezas para ver si yo lo podía armar. Estos ejercicios mentales me ayudaron mucho en desarrollar mi habilidad técnica.

EL DIA DE LOS REYES Y OTRAS COSTUMBRES DE PUERTO RICO ANTIGUO

Unas de las más bellas tradiciones en aquella época era la celebración del Día De Reyes. Mi mama me decía que la Epifanía es una fiesta religiosa donde era importante ir a la misa para celebrar la llegada del Mesías. Jesucristo nació en un humilde pesebre en un establo de Belén rodeado de una mula y un buey. Los Tres Reyes Magos vinieron de Oriente para honrar y celebrar la llegada del Mesías. Guiados por una estrella en el firmamento encontraron el pesebre y le llevaron al Niño Dios como ofrenda; Oro, Incienso y Mirra.

Mi mama me decía que los tres reyes magos venían en sus camellos, no a caballo porque en Belén para esa época no había caballos. Y nosotros los niños teníamos que ir a cortar en el monte yerbas para ponerlos en unas cajas vacías de zapatos y los camellos comería la yerba y los reyes nos dejaban sus regalos. También nosotros le poníamos una vasija con agua para que los camellos bebieran.

En esa época los padres cortaban las yerbas con tijeras para simular las huellas que dejaban los dientes de los camellos al comer. Como yo recibí una educación católica desde mi infancia yo creía ciegamente lo que mi mama me decía. El cinco de enero de todos los años yo iba al monte a buscar yerbas para los camellos. Ese día me acostaba temprano para entonces poder levantarme temprano el 6 de enero y ver mis regalos.

Al otro día mis amigos y yo jugábamos hasta más no poder. Era una cosa increíble vivir esa época tan bonita donde la imaginación no tenía frenos. Esa tradición la mantuvimos hasta que yo cumplí quince años. Mi hermano mayor me dijo quiénes eran realmente los reyes magos.

Yo fui muy afortunado porque todos los años recibía regalos más costosos; primero eran unos simples carritos de pasta o de goma. Año tras años la cosa se ponía mejor. Recuerdo haber recibido los siguientes regalos año tras año y lo que más impactaron mi niñez; un velocípedo, un scooter, un triciclo, una bicicleta de niño, una bicicleta de adolecente. Pero el día de reyes más grande para mí fue cuando cumplí 16 años.

Ese año me compraron una bicicleta de adultos tamaño 26 y marca "Monarca "La bicicleta tenia lo que llamaban "rodilla mecánica.", es decir, cuando caía la rueda delantera en un hoyo, se absorbía el golpe. Hoy día eso le llama "shock absorber." Aquella bicicleta yo aprendí a desarmarla y luego armarla. Así aprendí lo que llaman hoy "mecánica de bicicleta." Mi papa me regalo todas las herramientas que necesitaba para arreglar mi bicicleta. Mis amigos y yo nos íbamos a correr bicicleta por todo el barrio. Nos subíamos a una loma para entonces bajar la loma a una velocidad increíble. Yo era muy bueno corriendo la bicicleta. Luego me fui con mis amigos aventurar a sitios más lejos. Como ir de Rio Piedras a Santurce por toda la avenida Ponce de León. Un día fuimos de Rio Piedras al casco de San Juan hasta llegar a la Fortaleza que era la residencia del gobernador. Luego regresábamos desde San Juan a Rio Piedras.

Más tarde se me ocurrió comprar tres bicicletas viejas y entonces puse una agencia para rentar bicicletas. El dinero que ganaba lo usaba para ir al cine. Pero un día se me ocurrió empezar ahorrar para comprarme una bicicleta mejor. En Rio Piedras había una tienda de bicicletas que se llamaba TIENDA MEDINA. Yo me hice amigo del dueño y un día le pedí que me diera una rebajita para poderle comprar una bicicleta que tenía bien bonita de la marca SCHWIN MAJESTIC. Esa bicicleta le compre muchos adornos, luces, timbres, chapaletas, y era una bicicleta bien bonita. Todos mis amigos me la envidiaban.

Pero uno siempre comete errores. Un día el señor Medina me dijo que él me podía vender un motor de gasolina que se podía adaptar la bicicleta. Yo empecé ahorrar para comprar el motor. El señor Medina le instalo el motor a la famosa bicicleta. En aquel tiempo, el barrio de Capetillo le había embreado las calles y era costumbre que después de embrear la calle, entonces le ponía una capa de una piedra finita que le llamaba "polvillo." Un día un amigo me invito a competir conmigo en una "carrerita" en el barrio Capetillo. Yo acepte el reto y nos echamos varios muchachos con bicicleta de motor a correr por una vía recta. Mi mama no estaba al tanto de todas estas aventuras. Al final dos muchachos y yo nos tiramos en un carrera de como 300 metros en aquella carretera cubierta de polvillo. No sé qué paso pero yo tuve que parar de pronto mi bicicleta. Yo salí disparado por encima del manubrio a una velocidad como de 30 millas por hora y caí en el pavimento y se me lleno el pecho de piedritas finitas (polvillo). La bicicleta de motor sufrió pérdidas mayores irreparables y yo estuve en cama dos semanas. Desde esa experiencia hasta el día de hoy no he vuelto a correr ni en "bicicletas de motor" ni en motoras. Tuve que vender todas las bicicletas y me quede con el marco de la Schwinn Majestic y con ese marco hice otra bicicleta y la tuve hasta que me gradué de cuarto año.

Regresando a la celebración del día de Reyes, yo diría que es una desgracia que vinieran los comerciantes americanos confabulados con los comerciantes isleños para ir rompiendo nuestras tradiciones y substituirlas por costumbres que verdaderamente no son puertorriqueñas. Eso paso con el día de reyes y no sé cuántas otras tradiciones. Hoy se celebra el día de lo que llaman Santa Claus más de lo que se celebra el día de reyes.

El día de reyes no era tradición para los niños solamente. La agente adulta también tenía la tradición de las famosas parrandas y fiestas del día de reyes. Recuerdo que tanto en los campos como en los pueblos la gente adulta se iba de parranda. "Se decía que vamos a reyar o a trullar hasta que amanezca el rubio." Mi tío Cruz vivía en el barrio que le decían "quebrada infierno" de Gurabo, donde el acostumbraba a recibir a sus familiares y amigos el día de reyes. En aquella casa de campo se reyaba por dos o tres días. Se bebía ron caña o "pitorro" y se bailaba y venían muchos grupos a dar la parranda. Eso era una tradición año tras año hasta que poco a poco fue también desapareciendo. Yo diría que en los campos de Puerto Rico de aquella época se gozaba más que si uno estuviera en el centro de cualquier pueblo. Es una desgracia que todas nuestras costumbres se vayan desapareciendo y ser substituidas por costumbres de otros países.

Mi papa me llevaba a un rio en el barrio Cuchillas de Morovis, ya que sus hermanos y el antes vivían en ese barrio, y allí nos bañábamos todos los hermanos y los tíos. Mi hermana mayor por ser hembra, nunca estaba en estas aventuras de niños. Las otras tres hembras nacieron muchos años después. Allí también había una quebrada donde se pescaban los siguientes; camarones, dajaos, guabinas, anguilas y otros tipos de peces de los cuales no recuerdo los nombres. Lo que pescábamos servía para el almuerzo o la comida, según fuere el caso. Mi hermano, Roberto, y mi primo Toño y Pepe eran experto nadadores y podían estar debajo del agua más tiempo que nosotros. Yo me aventuraba a entrar al charco hasta que el agua me llegara a los hombros. Mi tío Salvador vivía en el tope de una jalda y nosotros nos tirábamos a deslizar desde el tope hasta el rio cuesta abajo. Nos sentábamos en una yagua o tigüero. Estos son producto de la palma y se deslizaba uno a una velocidad escalofriante por las jaldas de la colina. El peligro era encontrarse con rocas o piedras en el camino. Cuando esto ocurría siempre había sangre. Subíamos a la casa de tío Salvador todos magullados y sangre corriendo por las heridas. Mi tía nos echaba sal y problema resuelto. Se usaba sal en ausencia de yodo o mercurio cromo.

A mí me gustaba ir a los campos de Morovis porque allí siempre se formaba una fiesta los viernes o los sábados. La música era con un cuatro, guitarra, maracas, y un güiro. Esos jibaros tocaban a la perfección sin micrófonos ni amplificadores electrónicos.

Allí veía a la gente mayor bailar; danzas, boleros y guarachas que era lo que estaba en boga. La música de Guillermo Matamoros era siempre tocada. También se tocaba; aguinaldos, seis chorreao, y mazurcas. Algunas veces cantaba la gente lo que llamaban "Bomba." La música de sexteto y septeto la tocaban en las fiesta patronales. El grupo más famoso en esa época era el Septeto Puerto Rico. La música de sextetos y septetos realmente eran del repertorio de la música cubana de la época. El septeto cubano de mayor influencia lo fue El Septeto de Ignacio Piñeiro y el Septeto Habanero. En las fiestas patronales siempre estaban los famosos "caballitos" y las pica. El gusano, la estrella tampoco podía faltar. Lo más que me impresiono fue los fuegos artificiales.

En la semana santa era toda una semana de oración y de sacrificios. En aquel tiempo la Iglesia Católica tenía mucha influencia en la población. Había que hacer penitencia y ayunar, es decir, no comer carne ni llenarse el estómago.

La gente bajaba de los campos para asistir a la misa y otras actividades religiosas. Como en el campo había mucho fango, había que bajar descalzo hasta la carretera. Al llegar a la carretera entonces uno se lavaba los pies y se ponía los zapatos.

En el campo no había pasta de diente. Se cogía unas hojas de cadillo y con el dedo uno se limpiaba la dentadura. Se cogía un cacharro vacío de avena o una dita con agua y se enjuagaba la boca con mucho cuidado porque no se podía uno beber agua si uno iba a comulgar. La comunión se recibía en ayunas. Después de la misa era que uno podía tomar café.

El Domingo de Ramos, el Viernes Santo y el Domingo de Resurrección eran tres días importantes para toda la población. La gente del campo y de la ciudad vestía lo mejor que pudiere esos días. Mi tío me decía que los jibaros bajaban al pueblo solo en esos tres días. Los que eran católicos fervorosos también bajaban los domingos. La iglesia anunciaba la misa con las campanadas. Se tocaban las campanas cada 10 o quince minutos tres veces antes de la misa. Las mujeres usaban velos sobre la cabeza. Los hombres se tenían que quitar los sombreros antes de la misa. Recuerdo un día ver al acercarme a la iglesia los caballos atados a unos maderos en las afuera de la iglesia. Muchos jibaros tenían hermosos caballos y adornaban la silla de montar con colores pintorescos. El caballo era el modo de transportación de los que tenían los fondos para comprar un caballo. Los sacerdotes eran españoles y algunos de ellos tenían mal genio. Los sacerdotes tenían los mejores caballos porque ellos tenían que dar misa en las capillas de algunos barrios de la parroquia. Había distintos tipos de órdenes sacerdotales. Donde yo estudiaba los sacerdotes eran de la Orden Franciscana, pero también había Dominicos, Benedictinos, los Jesuitas, y muchas más que no recuerdo.

Claro el caminar a pie era costumbre en aquel tiempo. Los caballos más tarde fueron disminuyendo y entonces tanto en los campos como en los pueblos iba en crecimiento distintos tipo de vehículos de motor de distintas marcas. Recuerdo haber visto camiones, carros, pisaycorre, guaguas, etc., etc. Las marcas más comunes eran; Ford, Chevrolet, Dodge, Fargo, International, Hudson, Plymouth, Mercury, Packard, Studebaker, Jeep y muchas más que han pasado a la historia.

Regresando al tema de la religión recuerdo participar en la Semana Santa de las famosas procesiones. También era la costumbre ir al cine del pueblo para ver "La Vida, Pasión y Muerte de Jesús". Durante la película recuerdo oír a la gente llorando al ver el castigo que le infligían al cuerpo de Nuestro Señor Jesucristo. Esa película ya yo me la sabia de memoria y deje de ir a verla.

Había gente que se infligían heridas en las manos y el costado para vivir la realidad del escalofriante martirio del Jesucristo en manos de los romanos y los fariseos. Recuerdo también oír muchas décimas y aguinaldos donde los temas eran los últimos días de Jesucristo en la tierra. La gente de ante tenía mucho respeto y miedo o temor a Dios. Desgraciadamente eso se ha olvidado y vemos todos los días las consecuencias de las drogas; crímenes, robo, todo tipo de violencia. Ya la gente ha olvidado el temor a Dios. La Semana Santa es como cualquier otra semana. Yo recuerdo que aquel tiempo en la Semana Santa la radio solo tocaba música clásica o religiosa todos los días. El viernes santo siempre la gente sintonizaba los programas religiosos. El más famoso era el sermón de LAS SIETE PALABRAS. Yo nunca me perdía el sermón de las siete palabras que ofrecían los padres Jesuitas. Como ustedes saben los padres Jesuitas son eruditos en materia de religión. Para llegar a ser de la orden de los Jesuitas hay que estudiar mucho. Las mejores escuelas católicas incluyendo muchas universidades siempre son administradas por los padres Jesuitas, y también ellos son los maestros.

Yo confieso que en el camino de la vida uno muchas veces se aleja de la religión porque la carne es flaca y el diablo siempre está ahí acechando a uno para invitarlo al infierno, pero yo siempre he creído en la religión católica y voy a misa y comulgo. Si la gente tuviera temor a Dios entonces no habría todas estas cosas malas que vemos día a día. Pero claro este libro no es de religión y quiero parar aquí.

Mi mama cocinaba bueno y se cansó de las tres piedras del fogón y el carbón y un día se apareció con una cocinita de gas o querosén. Eso fue una sensación porque pocas personas tenían cocina de gas o querosén. Siempre recuerdo que encendía la hornilla con fósforos "Tres Estrellas." La comida se hacía más rápido y tenía buen sabor. Mi mama me decía que había que tener cuidado y no jugar con los fósforos porque podía coger fuego la casa. Gracias a Dios que ya no había que comprar sacos de carbón o ir cortar leña en el "cercao." Este era una finca que estaba cercada con alambres de púa. Pero yo ponía un saco de papas que (la tela era dura) sobre el tope de la verja y brincaba al otro lado. Cortaba leña y volvía a mi casa en un pestañar del ojo. Si yo era rápido en eso porque en la finca había un toro malo y unos perros que daban miedo. Varias veces me vi en peligro por el toro y un día un perro me mordió una pierna. Tuve dos semanas en cama. Pero el toro era peor. Aquel toro raspaba la tierra, botaba baba por la boca y los ojos echaban fuego.

Aquella finca dicen que era de la familia Dávila. Nosotros nunca conocimos a la familia pero si yo conocía al mayordomo porque ese señor después de salir de su trabajo vivía frente a mi casa. Yo conocí a su hermano que se llamaba Juan Rivera como yo. La esposa se llamaba Juanita. Yo jugaba con los hijos de este matrimonio; Teli, Raúl y Junior. Pues bien un día yo estaba recogiendo frutas en el monte Dávila. Había muchas guayabas, jobos, guamá, mangos, en fin muchas frutas. De pronto suena un disparo y yo por poco me muero del susto. Era Míster Dávila que me vio robándole las frutas. Me dio mucho miedo porque estaba solo. Pero a lo lejos vi correr hacia mí el mayordomo, quien era mi vecino, y le rogo a Míster Dávila que no me hiciera daño porque yo era un niño inocente.

Muchas de las frutas que yo vi en aquella finca ya no existen o por lo menos han ido desapareciendo. También en esa finca había muchos pajaritos que me llamaban la atención. Recuerdo algunos nombres tales como; Reinita, Guaraguao, Ruiseñor, Alondra, Pitirre, y otros que no recuerdo. También han desaparecido todos esos pájaros tan bonitos de los campos y pueblos de Puerto Rico.

En esa finca también había un rio que era lo que quedaba del rio Piedras. Recuerdo haber visto a ese rio que las aguas eran bien claras y en el fondo solo se veía piedras de distintos colores. Ya ese rio pasó a la historia. Ese rio lo entubaron para poder hacer carreteras. Había una quebrada que le llamábamos "La quebrada de "Juan Méndez." Juan Méndez era un personaje famoso en el Barrio Buen Consejo. Este señor repartía los periódicos; El Mundo y El Imparcial y vivía en una casita frente a la quebrada. En esa quebrada muchos niños incluyéndome a mí nos bañábamos. Desgraciadamente esa quebrada estaba contaminada con un parasito intestinal que se llamaba Bilharzia. Este parasito era muy dañino y los síntomas son fiebre y escalofrío y afecta mucho el hígado. Pero para este parasito no se puede tomar purgantes. Yo lo único que recuerdo es que mi mama me llevo al farmacéutico y allí me dieron unas inyecciones que tuve que ir por varias semanas para matar el parasito. El parasito se llama "Schistosoma" que es su nombre científico.

Bueno pero ese no fue el único parasito que cogí. La letrina y el andar descalzo era también otro foco de parásitos.

Los parásitos de los intestinos son muchos pero yo recuerdo botar las lombrices por el ano cada vez que me daba esos purgantes.

Mi mama me llevo a la Unidad de Salud Pública de Rio Piedras y allí me dieron los famosos purgantes. Habían muchos tipos de purgantes que yo tome; el purgante de "sal sosa", el purgante de aceite de castor, el purgante de epazote, el purgante de verdolaga, el purgante de zapayo. Yo tome todo esos purgantes porque yo tenía; lombrices, tenias, y que se yo que otros parásitos. Todavía recuerdo los sabores de esos famosos purgantes y se me tuerce el estómago.

ESCUELA ELEMENTAL Y EL PUERTO RICO DE MI ADOLESCENCIA

En el colegio era requisito hacer la primera comunión. Mi primer traje fue el de la primera comunión. Para mí y para mis hermanos de crianza eso era un gran acontecimiento. Me compraron un traje blanco bien bonito y medias y zapatos blancos. También alquilaron a un fotógrafo para que me tomara fotografías que aun guardo a pesar de tantos años que han pasado.

En el Colegio San Antonio todos los estudiantes tenían que ir en uniforme. El uniforme regular era para los niños; camisa blanca de manga corta, pantalón corto marrón, zapatos y medias marrón. Había que ir bien peinado y tenía que tomar un baño todos los días. Las niñas también vestían de blusa blanca, jumper marrón, medias y zapatos marrones. Tenía que ir bien peinadas. Los primeros viernes del mes había que substituir el marrón por blanco. Los niños que habían recibido la primera comunión tenían que obligatoriamente confesarse el día anterior para entonces poder recibir la comunión el viernes.

Las monjas hablaban inglés y mantenían una disciplina bien estricta. Yo aprendí hablar inglés desde el primer grado. Cada año uno iba aumentando las destrezas en el inglés. Hablarlo, escribirlo y leerlo correctamente. Eso también fue una bendición para mí. Las monjas castigaban a uno si uno violaba sus reglas. Eso también fue bueno, aunque cuando pequeño eso me molestaba mucho. Pues uno no sabía cuándo iba a ser castigado. Uno no puede mantener todas esas reglas de conducta en la cabeza.

Cuando yo era niño siempre me portaba bien con los que me rodeaban. No veía el motivo para tener coraje o hacer una rabieta en público. Mis primos eran dueños de LA RIVERA y LA COLOMBINA en Rio Piedras. Mi padre había construido esos edificios. Cuando yo iba a esas tiendas mis primos me regalaban ropa y juguetes. Mi papa cuando me veía me daba dinero. Es decir, a mí no nunca me falto nada. Yo no me antojaba de cosas que yo sabía que mi mama no me podía comprar.

Yo sabía que mi papa tomaba ron y a veces lo veía en un cafetín en Buen Consejo y él me llamaba para darme un vellón o una peseta, que para mí en ese tiempo era un montón de dinero. Cuando ya yo tenía 8 años un día me dio ron en una chapa de Coca Cola. Yo me tome el ron y empecé a escupir porque era muy fuerte. Solo tome unas gotas de ron Don Q. Entonces recuerdo que él me dijo, "nunca tomes ron ni cerveza. Tienes que esperar a que cumplas 18 años." Claro eso nunca pudo ser porque después de eso, en las navidades mis amigos y yo nos bebíamos el licor que dejaba la gente en las mesas. Claro eso lo manteníamos en secreto. Debo confesar que solo tomábamos menos de una o dos onza de ron caña o Don Q. Yo le tenía mucho miedo al vino. Una borrachera de vino barato que vendían en aquel tiempo era lo peor del mundo. Pero solo hacíamos esas maldades en navidad porque veíamos a toda la gente bebiendo, bailando y comiendo. A mi mama le gustaba mucho la fiesta y siempre venían muchos músicos a la casa a tocar música jibara. Pero también tocaban música mexicana, particularmente las rancheras y canciones de Jorge Negrete que había visitado la isla de Puerto Rico. También cantaban tangos porque Carlos Gardel fue hacer presentaciones en Puerto Rico alrededor del 1935. El tenor José Mojica también estuvo en la isla. Se cantaban mucho sus canciones. Era muy común también cantar "Allá en el Rancho Grande" porque su compositor Tito Guizar también estuvo en Puerto Rico para el estreno de la película que lleva el mismo título. Las películas mexicanas de esa época tuvieron mucho impacto en el folclor de Puerto Rico. El grito del charro mexicano era imitado por toda esa gente que cantaban en mi casa.

En Buen Consejo había una tienda de juguetes propiedad de un señor que se llamaba Don Ángel. Allí yo compraba los revolver de fulminantes para entonces jugar a los vaqueros. En los "paquines" que eran unas revistas de dibujos leíamos las aventuras de Roy Roger y Gene Autry. Ya como a los doces años nosotros jugábamos mucho a los vaqueros. Ya mi mama me dejaba ir al cine solo. En esa época había en Rio Piedras varios cines que cobraban 15 centavos en la semana y una peseta en los fines de semana. Recuerdo; el Atenas, el Modelo, el Lux, el Paradise y el Victoria. Había otro que le decían "el meaito" porque los títeres se meaban en el piso. Ese teatro se llamaba el Hatuey y quedaba a la salida de Rio Piedras para Carolina. Ahí uno traía una botella vacía de cerveza india de 16 onzas y te dejaban entrar. Luego se pusieron muy careros y empezaron a cobrar diez centavos y más tarde lo pusieron a peseta y la gente dejo de ir y lo tuvieron que cerrar. El mayor problema de ese cine era que la peste a orines a veces era intolerable y además ahí eran que iban los títeres y gentes del bajo mundo.

Además de Roy Roger y Gene Autry también eran muy famosos Bob Steele, Bill Elliot y Hoppalong Cassidy, etc., etc. En Rio Piedras había un muchacho trigueño que creo era medio loco que se llamaba Abraham. Él se metía a los cines todos el día y veía las películas dos y tres veces. Luego se paraba en la calle Braumbaugh cerca de la escuela Hawthorne de Rio Piedras a hablar en inglés y a pelear contra un enemigo ficticio. Le entraba a puños al aire que daba risa. Nosotros nos íbamos a verlo y a reírnos de su show. Yo creo que él no era loco porque le gustaba que la gente lo mirara.

Las películas de Tarzan con Johnny Weismuller eran muy populares. Yo las vi todas. Las películas del Llanero Solitario y del Zorro también eran buenas. Ya para finales del 40 al 45 y luego después del final de la guerra la radio de Puerto Rico se puso de moda y la gente empezó a comprar radios de mesa. Las emisoras que me gustaban en aquella época eran; WKAQ, WIAC, WAPA, y la WENA de Bayamón. Más tarde en Rio Piedras había una emisora que se llamaba las WWWW. Los programas de WKAQ que me gustaban eran; Tarzan, El llanero Solitario, Tamacun, Contraespionaje. Realmente esos programas eran grabados en Cuba o México y luego los pasaban por Puerto Rico. Esos programas se oían de 4:00 pm a 6:00 pm. De 6:00 pm a 7:00 pm eran las noticias. De 11:00 am a 12:00 pm estaba el programa de Don Rafael Quiñones Vidal y su hijo Quiñones Borras. Se llamaba inicialmente "La Hora del Pre-almuerzo." Luego siguió cambiando el formato y empezó la idea de "Tribuna del Arte." Y tuvieron que cambiar la programación para por la noche. Ese programa fue una sensación porque les abría las puertas a personas que aspiraban a ser cantantes o artistas. La frase "la pesetita voladora" se puso en boga. Esa pesetita era el premio que se ganaban los aspirantes buenos. Y de ese programa salieron muchos artistas de renombre en el estrellato artístico de Puerto Rico. También mas tarde aparecieron programas parecidos, pero el más famoso era uno los sábados que se llamaba "Radio Revista Sabatina." Ese programa me gustaba mucho porque se presentaban artistas profesionales y menos conocidos. El locutor le llamaba "El colorao Almodóvar." Más adelante hablare de otros programas famosos que empezaron a salir al aire.

En Rio Piedras había un molino de moler maíz para comida a las gallinas y otros tipos de aves. El molino consistía de una rueda de madera bien grande movida por un motor de gasolina. Me gustaba ver el procedimiento de moler maíz para las aves. La harina era recogida en un recipiente bien grande. En la plaza de mercado había una sección donde vendían las gallinas. La gente iba y escogía la gallina y luego el dueño del puesto le torcía el pescuezo a la pobre gallina que caía en el suelo brincando hasta que no se movía. Eso indicaba que estaba muerta. Había un caldero de agua hirviendo y ahí metían a la pobre gallina. Eso ablandaba las plumas y el señor en un momento mondaba la gallina. Luego la envolvía en un papel de cerilla y se lo entregaba a mi mama. Eso costaba un desde un dólar hasta dos dependiendo del peso de la gallina. Esas gallinas las criaban con el maíz que producía aquel molino. La carne era fresca y se hacía un arroz con pollo o un asopado de pollo y lo que sobraba se comía al otro día. Los vegetales y viandas también eran fresca traída el mismo día de los campos cercanos. Por la madrugada uno veía ese gentío de comerciantes y vehículos de transportes en afán diario. Mi abuelo (el papa de Benigna) tenía un puesto allí y yo iba a pedirle una rebajita en los precios en favor de mi mama. Mi abuelo se llamaba Luis Díaz y era un hombre que nunca fue a la escuela, sin embargo, era comerciante. La matemática la hacía no sé cómo. Si se equivocaba en una suma, el error siempre iba a su favor y si el cliente protestaba mi abuelo sacaba un machete bien afilado y lo alzaba al aire. El cliente se callaba y seguía su rumbo. Mi abuelo era un hombre que le gustaba mascar tabaco hilado. Se pasaba escupiendo por las esquinas y el salivon era bien oscuro, del color del tabaco. También le gustaba fumar cigarros cubanos de los bien largos. Se los fumaba hasta el cabo. No le gustaba fumar cigarrillos. Le gustaba echarles piropos a las mujeres solteras. Siempre respetaba a las mujeres casadas. También le gustaba beber ron blanco y uno que le llamaban "cañita." Eso sí, mi abuela alimentaba bien a mi abuelo. Mi abuela era una mujer que procreo como 14 hijos en el matrimonio. Ella cocinaba bueno. Tenía como negocio hacer pasteles de masa y de yuca. También hacia morcillas y bacalao frito. Todo eso era para venderlos en el negocio de mi abuelo. Así los dos criaron 14 hijos e hijas. Benigna, mi mama de sangre era la hija mayor de mi abuelo. La plaza de mercado de Rio Piedras era el centro de comercio de los pueblos limítrofes. Es decir, Carolina, Canovanas y Rio Grande. Por otro lado incluimos a Trujillo Alto, y Cupey. También están incluidos todos los barrios de esos pueblos. Por eso era, que Rio Piedras era un municipio y un pueblo importante en el mapa de la isla en esa época.

Ya para el 1944 yo estaba asistiendo al Colegio San Antonio de Rio Piedras. Como mi familia era bien católica ellos lograron que me aceptaran de gratis a la escuela. A cambio de eso yo y mi familia teníamos que ayudar con los menesteres de la parroquia. Mis hermanos de crianza; Carmelito y Manuel eran monaguillos. Ellos asistían ya al Colegio San José, que era administrado por los frailes. El colegio San Antonio era administrado por las "la "hermanitas" de la parroquia de San

Antonio. El Colegio San José era para varones solamente. Antes allí había una academia militar que era para los que aspiraban a ser militares. Luego lo convirtieron a lo que se llamo el Colegio San José.

A mí me tocaba quedarme todos los días después de clase para ayudar a las monjas. Usualmente me ponían a limpiar las pizarras y barrer los salones. Otras veces me iba a la oficina de la principal para ayudar como mensajero. Esa era el precio que yo pagaba para a cambio tener una educación. Pero había una monjita que yo le caía "gordito." Se llamaba La "hermanita" Maria. Lo que paso fue que ella trato de humillarme y yo no se lo permití. Yo le dije que yo no era esclavo de nadie para tratarme como esclavo. Yo le dije que yo era un niño pobre que había sido admitido al colegio. Que el precio que yo tenía que pagar era con mi trabajo, pero esperaba que existiera respeto mutuamente.

Había otras monjas que eran muy religiosas y unas verdaderas educadoras. Recuerdo las siguientes; La "hermanita" Georgine, La "hermanita" Claude, La "hermanita" Maristella y otras más. El párroco era el Padre Juanito. Había un sacristán que era el que ayudaba a los padres y también tocaba las campanas de la iglesia. Había un jardinero de nombre Ramón Santiago. Una de sus hijas era mi compañera de clases. Su nombre era Ida Luz Santiago que cuando se graduó de cuarto año se fue a un monasterio y se convirtió en monja. Ella era una buena compañera de escuela y tremenda amiga.

Como dije antes después que regresaba de la escuela, llegaba a mi casa, ponía los libros en mi cuarto y me iba a jugar con los niños. Sin embargo, yo tenía una buena memoria y era bueno en las matemáticas. Yo siempre sacaba "A" en matemáticas y "C" en conducta. Yo era muy inquieto y era un poco respondón y a las monjas eso no era aceptado. A mí no me importaba sacar "C" o "D" en conducta porque eso eran caprichos de las monjas. Ni restaba ni sumaba a mis conocimientos. Yo no era muy bueno en la clase de español.

Pero era bueno en la clase de inglés, en los deportes, en arte y música, y en las ciencias era el mejor estudiante.

Una vez le hice una maldad a la "hermanita" Maria. Ella iba bajando unas escaleras y yo iba detrás de ella. De pronto note que el velo de la monja iba deslizándose por los escalones de la escalera. A mí se me ocurrió pisarle el velo y la monja se le cayó el velo y se le vio el pelo. Ella inmediatamente me metió una bofetada y me envió a la oficina de la principal y escribió un reporte exigiendo que me votaran de la escuela. La principal, la "hermanita" Doris me envió a la casa y me dijo que no podía volver al colegio hasta que mis padres fueran al colegio para ver la decisión que iba a tomar el párroco.

Como mi papa era un hombre muy rico y mi papa hacia muchas grandes donaciones a la parroquia, yo le explique a él lo que había pasado. Al otro día mi papa fue hablar con el párroco que se llamaba como dije antes Padre Juanito.

Meses antes la cofradía de los siervos de María le había pedido al párroco una estatua de la Virgen María para ponerla en una esquina de la Iglesia. Pero la estatua costaba mucho dinero porque había que ordenarla a España. Para hacer el cuento corto, mi papa le dijo a Padre Juanito que él iba a donar el dinero para comprar la estatua de la virgen. Yo no sé lo que paso pero al otro día La "hermanita" Doris me dijo que podía volver al colegio pero que tenía que escribir 500 veces en un papel lo siguiente; "Yo prometo portarme bien con las monjas de hoy en adelante." Bueno pues me puse a escribir 500 oraciones y me porte bien hasta el final de ese año. Pero cuando comenzó el otro año a mí se me olvido la promesa. Claro mi conducta de "C" continuo hasta octavo grado pero nunca volví atentar nada contra las monjas. A veces hacia maldades pero mis compañeros no se atrevían a delatarme porque ellos también lo hubieran hecho pero no se atrevían. Yo les debo mucho a mis compañeros porque nunca me delataron y a veces ellos también eran castigados por mantener en silencio el culpable de los hechos. Existía entre nosotros una camaradería masónica.

Por fin llego aquel hermoso día de mayo del 1952 en que juntos a mis demás compañeros tuve el honor y la dicha de graduarme de octavo grado. Mis padres me regalaron el mejor traje blanco que existía en la tienda. Y también contrataron a un fotógrafo para tomarme fotografías que todavía guardo. El traje blanco de hilo le decían "ONE BUTTON SUIT" porque se abrochaba al frente con un solo botón. También conservo el diploma de Octavo Grado. El colegio también publico un álbum de los graduandos con sus fotografías pero ese álbum se me perdió. Mirando hacia atrás yo diría que yo fui una persona muy afortunada de ese logro. Esos ocho años de estudio me prepararon sin yo saberlo para entrar a la escuela superior. Y la monjita que yo le caía gordito en realidad estaba tratando de ayudarme a base de disciplina. El Colegio San Antonio tuvo mucho que ver con mi éxito futuro.

Mi papa me llevo a Morovis al barrio Cuchillas donde vivía tío Salvador. Era un domingo de Ramos. Ese día nos acompañaban mis hermanos de sangre y mi madre Benigna. También iban unos empleados de mi padre y por supuesto el chofer de Papi que también era su bufón y guarda espalda.

Por un camino se veía bajando los carros de bueyes, con sus cargas pesadas de caña. También debo mencionar que los bueyes se usaban en esa época para arar el campo y poder sembrar. Una yunta de dos bueyes controlados por el jibaro boricua iba haciendo surcos en la tierra. Otro jibaro iba detrás echando unas semillas. De esa forma se podía arar una jalda o terreno en un solo día. Si la finca era más grande entonces se echaban más días. Lo más que me llamaba la atención era que después de un día de trabajo los jibaros se reunían en una tienda que era propiedad de un pariente que se llamaba Vive de Jesús. Todos los jibaros estaban descalzos y con un pantalón blanco y una daga o machete en el cinto. La camisa era también blanca y se pasaban una caneca de un ron blanco que se llamaba RON LLAVE. También mascaban "tabaco hilado" otros fumaban tabaco hecho allí en el campo. Cuando se iban para las casas ya iban dando tumbos a causa de la borrachera. Para al otro día volverse a levantar a trabajar en los campos. En aquella región se cosechaba café, y tabaco. Uno veía los ranchos de tabaco y unos pisos donde se ponía el café para secar. Luego que el café se seca entonces lo pilaban en un pilón. Después venia el proceso para sacar la paja del café de suerte que las semillas quedaran sin la cascara. El café lo tostaba y luego lo molían en un molinillo. El olor a café era bien aromático. Ese es el mejor café que yo he tomado en mi vida, es decir, el que hace en los campos de Puerto Rico.

En el caso que cayera un aguacero entonces las cosas se ponían peliagudas. Pues la tierra se convertía en lodo color arcilla roja y la gente y los bueyes resbalaban como si hubieran echado jabón. En la finca de mi tío Salvador había un rio que cuando subía el agua nadie podía cruzarlo. Pero había en ocasiones no había otra alternativa que cruzarlo. Por ejemplo; para llevar una persona herida o enferma al hospital. Había un señor que le decían Tarzan que era el único que se atrevía a desafiar el rio. El ayudaba a la gente a cruzar el caudaloso rio. La gente se trepaba en sus espaldas y el nadaba y cruzaba el rio. Otra gente prefería montarse en sus hombros si el agua lo permitía. Se le pagaba a cambio con lo que se pudiere. Algunos le daban dinero, otros le daban un racimo de plátanos o par un de gallinas o a veces se le pagaba con otro favor. Yo no puedo olvidar ese señor porque para mí era un héroe. Todo el mundo lo quería, todo el mundo lo admiraba por su valor. Es triste decir que llego un día muy trágico para todos los vecinos. Ese día se avecinaba un huracán y el rio estaba creciendo a pasos agigantados. La fuerza de la corriente era de tal magnitud que el pobre Tarzan y su acompañante murieron ahogados y los encontraron tres días después como a dos millas rio abajo destrozados por los golpes de las piedras. Ese día yo no pude dormir. El entierro de Tarzan fue un triste acontecimiento en aquella comarca. De ahí en adelante nadie se atrevió a desafiar el rio. Yo no he vuelto jamás a ese sitio y no puedo asegurar si construyeron un puente sobre ese rio. Pero con la tecnología que gozamos hoy día yo aseguro que sería fácil construir un puente sobre el caudaloso rio.

LA MUSICA EN LOS 40 Y 50

Como dije anteriormente mi vecino Don Genaro tenía un radio de onda corta. Por las noches este señor empezaba a buscar emisoras de Cuba y Santo Domingo. Yo me sentaba en la sala de su casa a verlo manejar aquel gran radio maravilloso. En esa época los radios eran de tubos. Ese radio tenía como 20 tubos y era marca "Crosley." Tenía una bocina grande como de 15 pulgadas de diámetro. Don Genaro tenía una antena bien larga que simplemente era un alambre de cobre que corria a todo lo largo de la casa. El hilo de alambre de cobre quedaba como a 18 pulgadas del techo. Don Genaro me dijo que el secreto era tener una buena antena y tener un buen sintonizador. Escuchábamos emisoras de Cuba y Santo Domingo. Lo que estaba en boga en esa época era las grandes orquestas. Los sextetos, septetos y los conjuntos estaban pasando de moda. El único que me gustaba era el Conjunto de Arsenio Rodríguez, que le llamaban "El Ciego Maravilloso." El único trió que nunca paso de moda era el Trío Matamoros de Miguel Matamoros. Me gustaba oír de Cuba; la Sonora Matancera, la Orquesta Casino de la Playa y el Trío Matamoros. De Santo Domingo la única orquesta que me gustaba era la Orquesta de Papa Molina.

Como mi mama noto que me atraía la música y la radio entonces ella compro un radio de mesa de la marca RCA Victor. Era uno de los primeros radios que salieron con solo 5 tubos pero era potente. Lo único que era para captar emisoras locales en AM (amplitud modulada). Yo creo que a mi mama no le gustaba que yo fuera a oír las emisoras de onda corta en la casa de Don Genaro.

La orquesta que estaba de moda en Puerto Rico era la de la Orquesta Rafael Muñoz. La orquesta tenía muchos cantantes pero el mejor de todos era José Luis Monero. Había otros que me gustaban como Félix Castrillón y otros. En la radio se oía mucha música mexicana y cubana. La CMQ de

Cuba exportaba sus programas y las disqueras cubana acaparaban el mercado boricua. Las disqueras locales todavía estaban en pañales. Don Emilio Azcárraga de México también tenía un control de la radio tanto en México como el Caribe. Muchas disqueras bajo el control de Don Emilio también controlaban el mercado de Puerto Rico. Así que éramos un mercado cautivo de Cuba y México. La música americana no gustaba mucho. Sin embargo, tenía sus seguidores particularmente las orquestas de Jazz.

Muchas de estas Orquestas locales tocaban en el "Escambron Beach Club" que era el sitio del bailador para aquella época. Tantos otros grupos como las orquestas también viajaban para amenizar bailes en clubes privados en otros pueblos de la isla. Claro eso estaba accesible a la gente rica y privilegiada. Es bueno recordar que en esa época había españoles que no se mezclaban con la plebe. Pero también los riquitos se colaban entre la crema de la sociedad. La gente pobre se tenía que conformar a ver los artistas en las fiestas patronales de cada pueblo de la isla. Algunos pueblos no tenían los fondos para pagar orquesta de renombre. Bueno pero eso le daba oportunidad a pequeños grupos musicales y orquestitas para darse a conocer. De las fiestas patronales salieron muchos cantantes, conjuntos, tríos, artistas, que luego triunfaron dentro y fuera de Puerto Rico. Por ejemplo; En Mayagüez se hablaba de William Manzano. La orquesta se llamaba originalmente Orquesta Hatuey de Mayagüez. Años más tarde se conoció simplemente como la Orquesta de William Manzano. No sé porque pero esa orquesta nunca tuvo éxito a nivel de toda la isla, pero de esa orquesta años más tarde salieron muchos cantantes de renombre internacional.

En Puerto Rico se practica mucho lo que en México se conoce como el "Malinchismo." Se le rinde pleitesía a los de afuera y casi se ignora los valores de compositores y artistas puertorriqueños. Más o menos el mismo caso le pasó al Trío de Johnny Rodríguez. Yo recuerdo haber visto este trío en las fiestas patronales de Rio Piedras cantando su gran éxito Fichas Negras. Johnny Rodríguez es el autor del tema del partido

Popular Democrático "jalda arriba va cantando el popular." Eso lo escribió Johnny en tiempo de marcha a petición de Don Luis Muñoz Marín. Nunca podré olvidar el Trio Borinquén de Don Rafael Hernández, cuyas composiciones hicieron historia en el mundo entero. También recuerdo el Conjunto Flores del compositor Pedro Flores, El inolvidable Cuarteto Marcano de Piquito Marcano y el famoso cuarteto Mayarí del trompetista Placido Acevedo que tanta gloria le dieron a Puerto Rico.

En esa época también era costumbre ver los domingos a orquestas militares y municipales que tocaban al aire libre en la plaza de recreo de algunos pueblos. También había orquesta que tocaban danzas puertorriqueñas como por ejemplo la del famoso Rafael Alers. Se oía música autóctona y piezas militares o semiclasica. A mí lo que me gustaba era la música alegre y vivaracha. Los boleros no me llamaban mucho la atención.

Cerca de mi casa había un cafetín que se hizo famoso. La dueña era la famosa Doña Tomasa. Esta señora era viuda y tenía varios hijos ya mayores que la ayudaban en el negocio. Tenía una visión para los negocios increíble. Allí yo comía cuchifritos, alcapurrias, bacalaítos fritos, y otras frituras. También ella vendía mabí bien frio. Hacia unos sándwiches de mortadela riquísimo.

Un día se le ocurre hacer una casita al lado de su negocio y ahí puso la primera vellonera que había en el Barrio Buen Consejo. Los viernes, sábados y domingos se metían allí todos los hombres a beber y a poner música en la vellonera. Ya yo no tenía que oír la radio. Se oía mucho la música de Panchito Riset, el trío Matamoros y el repertorio de Nico Saquito. Nico (con eñe) ha sido quizás unos de los más prolíficos compositores cubanos. Por ejemplo; "Compay Gato, Me tenían amarrado con fe, María Cristina, Al Vaivén de mi carreta, Menéame la cuna Ramón y otras más." Recuerdo oír toda esa música en la vellonera de Doña Tomasa completamente gratis desde el balcón de mi casa.

Pero un día yo oí una música que salía de aquel ventorrillo de Doña Tomasa que me quedé asombrado. Estaban tocando los primeros mambos de Dámaso Pérez Prado y su Orquesta. Los mas que me gustaban eran; Que Rico el Mambo, Caballo Negro, Mambo Número Cinco, Mambo Numero 8 y otros. Como a los dos o tres meses vino otra sensación. Me refiero al gran cantante cubano Benny More cantando con la Orquesta de Pérez Prado. Los mambos del Benny que más me gustaban eran; Ana María, Anabacoa, María Cristina, y muchos más. Yo me quede tan enamorado con la orquesta de Pérez Prado con Benny More que empecé a comprar sus discos y los ponía en un tocadiscos que me compro mi mama. Ahí fue que yo empecé acumular discos. No niego que yo me envicie con los discos. Mi mama me daba un dólar por limpiar el patio los fines de semana. Mi papa que era rico me daba cinco dólares. Todo eso yo lo gastaba en discos. La mayoría de mis discos eran de Benny More y Pérez Prado. Debo indicar que los discos de esa época eran de 78 revoluciones por minuto y traían una canción en cada lado, es decir, dos canciones por discos. Como los discos eran plásticos, no duraban mucho porque si se caían al piso lo que usted recogía eran los pedazos del disco. Además se rayaban mucho y la calidad del sonido decaía con el uso. Yo cuidaba mis discos pero siempre había accidentes. También mis primos me robaban los discos.

Hablar de la música de Puerto Rico y del Caribe y no mencionar las raíces africanas que influencio nuestra música desde el siglo veinte hasta ahora, sería para mí un sacrilegio. Para entender las raíces de nuestra música antillana tenemos que referirnos al grupo aborigen que trajo al nuevo mundo la semilla. Por esa razón tenemos que remontarnos al pasado y entender como este fenómeno entra por la isla de Cuba, donde todavía existen los descendientes de estos grupos aborígenes.

Explicar la presencia de las raíces Africanas en nuestra música es relativamente fácil. A través de los 400 y tantos años de tráfico de esclavos, los inmigrantes negros preservaron su religión y sus tradiciones africanas debido a una ley sevillana que autorizaba a los conquistadores a crear "los cabildos." Estos eran y aun son, asociaciones de ayuda mutua de beneficencia social que unía a los africanos en distintos grupos de acuerdo a la región de África de donde ellos provenían. De este modo existían y aún existen varios cabildos en Cuba. Entre los más importantes están los siguientes; los Lucumies (Yorubas), los Arara, los Carabalís y Los Congós Reales (angolanos).

De estos cultos africanos es que va evolucionando la música que hoy se conoce como afro-cubana. El hecho de que estos grupos fueran convertidos al catolicismo, no les negaba ciertos derechos que ellos preservaron relacionados con sus creencias religiosas originales. Cada cabildo era protegido por un santo patrón de su predilección. Cada cabildo creía en la suma de sus Dioses Africanos, más el Dios Católico, más el santo patrón. Esta mezcla se conoce como **sincretismo**. Es decir, es como una amalgama incoherente de la creencia católica monoteísta de un solo dios, y la idea africana panteísta de muchos dioses. En los ojos de los africanos el Dios católico era uno más dentro de su sistema de muchos dioses. En realidad, nunca existió una fusión verdadera de la unión de ambos mundos.

Existe una gran diferencia entre el Dios Católico y los Dioses Africanos. Los dioses africanos son grandes bailarines y le gusta la música y la alegría. El Dios Católico ni baila ni le gusta la música. En la religión africana los dioses participan del baile, la música y entran en el cuerpo de sus creyentes. Cuando esto ocurre el creyente entra en un trance, es decir, es poseído por el dios.

Los sacerdotes católicos no sabían que los negros estaban adorando a sus dioses quienes tomaban posesión del santo católico en cuestión. Por ejemplo, cuando los negros adoraban a San Pedro y a San Juan Bautista, en realidad estaban adorando a Oggun y a Zarabanda.

Como otro ejemplo, Obatala era la diosa del cielo (Ajosi de los Arara), creadora del mundo, su color era el blanco, y su sincretismo es la Virgen de La Caridad. Ajosi (Obatala para los Yorubas) es una mujer de piel bien oscura (virgen negra), vestida en un inmaculado traje blanco. Ella lleva en una mano un espantamoscas. Ellas es la creadora del universo.

Chango es el dios de la virilidad, del trueno, del relámpago, el sincretismo católico es Santa Bárbara. Cuando yo era niño recuerdo a los negros de Buen Consejo reunirse en un patio bien grande e interpretaban muchos ritmos con instrumentos de percusión que ellos hacían de las gavetas de muebles viejos y cucharas, tenedores, sartenes y ollas. Eso era una cosa increíble. En Puerto Rico había negros que habían venido de Cuba, Haití y Santo Domingo y trajeron todas esas creencias y costumbres.

En mi barrio era común ver a grupos caminando por las calles tocando plenas del Barrio San Antón de Ponce. La plena y la bomba eran muy típicas de las fiestas en el barrio Buen Consejo de esa época. Ese barrio se prendía en candela los fines de semanas. En el año 1886 ocurre la abolición de la esclavitud en Cuba y otras islas del Caribe incluyendo Puerto Rico. La liberación de más de un cuarto de millón de negros africanos crea un problema para la isla de Cuba, Haití, Santo Domingo y otras islas antillanas. Esta gente ni tenía dinero ni poseían propiedades. La mayoría de los negros se mudaron en la periferia de las grandes ciudades buscando trabajo, comida y albergue. De este movimiento poblacional es que surgen muchos barrios de gente negra. Es en estos barrios que nace la rumba. Este tipo de música surge dentro de las ceremonias religiosas africanas. En las distintas formas de la rumba el tambor grande se llama la hembra, el tambor mediano se llama el macho y el tambor pequeño se llama el quinto. Existen varias formas de rumbas; jiribilla, palatino, reseda, mama-buela, marunga, yambú. Las formas que han tenido más popularidad son; el yambú, el guaguancó, y la Columbia. La Columbia es más rápida que el guaguancó. El yambú es más suave. Yo vi a muchos negros de mi barrio tocando este tipo de música particularmente los fines de semana. Entre esos negros había muchos tresistas muy buenos. Recuerdo a los siguientes; el negro Zapatero, el negro Berto, el negro Babu, el negro Mario Hernández, y a uno que le decían Tito El Loco. Yo diría que los mejores tresistas de Puerto Rico salieron del pueblo de Rio Piedras. Todos los fines de semanas esa gente tocaban, en formato de sexteto, los sones santiagueros de Cuba. El Sexteto Puerto Rico fue uno de los más famosos de la época.

La música cubana ha tenido una gran influencia en la música internacional. Esto ha demostrado que la música no tiene fronteras y es apolítica. Una de las canciones más famosas es BABALU que es una evocación al dios que cura las enfermedades, su sincretismo es San Lázaro. Esta canción fue escrita por Margarita Lecuona y fue introducida en los EU por Miguelito Valdés a principios del 1950. Yo he sido afortunado porque he vivido ese desarrollo de la música desde mi niñez hasta llegar a viejo. La música ha sido siempre para mí una parte importante de mi ser. Durante mi vida he seguido la trayectoria de muchos artistas en el campo de la música incluyendo sus intérpretes, y sus cantantes. Lo curioso es que la mayoría de la gente desconoce que EL BOLERO también salió de Cuba. Pero para hablar del bolero tendría uno que escribir un libro de ese tema solamente. Averigüen el título del primer bolero y quien fue su compositor.

Ya para principios del 50 empezó a escucharse en la radio música de tríos. A mí no me interesaba mucho al principio esa música porque no conocía lo que era la nostalgia o el sufrimiento. Los tríos que yo escuchaba en la radio eran los siguientes; El trío Borinquén de Rafael Hernández, el Trío Matamoros, el Trío Marcano, El Trío de Johnny Rodríguez, el Trío Los Panchos, el Trío Vegabajeno, el Trío Los Romanceros, el Trío Los Borincanos, el Trío los Antares. Yo diría que hay fue que empezó la época más romántica de los tríos en Puerto Rico. Claro yo oía toda esa música pero no la comprendía muy bien.

Hablar detalladamente de estos tríos sería un imposible para mí porque tendríamos que dedicar todo un libro para honrar apropiadamente a cada uno de estos y otros grandes tríos y muchos otros que le siguieron años después Claro que nunca pensé que llegaría el día que yo conociera personalmente algunos miembros de estos tríos, pero eso la hare en el momento oportuno. Volviendo a la cronología de ese cuatrienio.

LA REVUELTA NACIONALISTA DEL 1950 Y PEDRO ALBIZU CAMPOS

El partido nacionalista bajo el liderato de Don Pedro Albizu Campo fue una agrupación de defensores del ideal de independencia por la fuerza si fuere necesario. Yo tuve la dicha de en los años del 45 al 50 de ver de cerca a estos hombres marchar en forma militar en una finca cerca de mi casa. Nosotros le decíamos CAMISAS NEGRAS porque todos estaban vestidos con un uniforme de camisa y pantalón negro. Como Don Pedro había sido coronel del ejército americano, él era la persona adecuada para adiestrar a sus fuerzas armadas. Unos de mis vecinos que le decían "Don Mode", su primer nombre era Modesto, era nacionalista. Él era un hombre de raza negra y se pasaba sermoneando a favor de la independencia. Yo como era niño, no entendía muy bien lo que estaba pasando, pero me llamaba mucho la atención que anduvieran armados.

Yo recuerdo en un mitin que Don Pedro decía que era importante desarrollar la conciencia nacional puertorriqueña. De que había que aplastar a los invasores yanquis que ocupaban a Puerto Rico porque los americanos se creían que ellos eran dueños de la isla. Había una necesidad de ser un país libre y soberano. De adquirir la ciudadanía puertorriqueña y renunciar a la ciudadanía americana.

Años más tarde pude entender mejor la filosofía de Don Pedro. Yo me atrevo decir que Don Pedro fue un patriota que se adelantó a su tiempo. En aquel tiempo la gente estaba más preocupada por salir del atolladero económico que había causado la segunda guerra mundial. Y usar la palabra "guerra" cuando le gente odiaba la guerra no era un mensaje muy aceptado. La gente seguía más a Muñoz Marín que a Don Pedro. Yo me imagino que los nacionalistas veían en Muñoz Marín, un traidor a la patria. Y por esa razón tenía que ser muerto y derrocado. Bueno, pues eso creo yo fue la base para lo que se conoció como "La Revuelta Nacionalista del 1950." A mí me gustaba leer el periódico y escuchar las noticias y me empape de todo lo que estaba pasando.

Los nacionalistas atacaron la residencia del gobernador de Puerto Rico que se conoce como La Fortaleza. Allí fueron muertos y heridos a balazos los que intentaron tomar La Fortaleza por la fuerza. Claro los nacionalistas trataron de tomar otros municipios de Puerto Rico por la fuerza. El único municipio que cayó en manos de los nacionalistas fue el municipio de Jayuya. La mayoría de los nacionalistas fueron arrestados y enviados a cárceles de los Estados Unidos. A Don Pedro Albizu Campos lo llevaron al hospital conocido como El Presbiteriano de Santurce, creo que había sido herido, y luego dijeron que Muñoz Marín había ordenado dejarlo en un cuarto del hospital presbiteriano bajo observación. Había dos agentes del FBI apostado en la entrada del cuarto las 24 horas del día, los siete días de las semanas. Pasaron muchos pero muchos años y allí murió, dicen que de cáncer.

También como parte de la lucha nacionalista contra el imperio yanqui, los nacionalistas atacaron la "Casa Blair" en Washington donde vivía en esa época el Presidente Truman y también fueron y tirotearon el congreso de los Estados Unidos y allí hubo muertos y heridos los que quedaron vivos fueron presos. Yo siempre he vivido con la impresión de que alguien fue un traidor. Porque era y es costumbre infiltrar al enemigo con agentes o lo que se llamaba en aquella época "quintacolumnista." Porque ya la policía de la Fortaleza estaba esperando a los nacionalistas. No cabe duda de que alguien "chotio." En todas estas cosas existe el espionaje y el contra-espionaje.

Muñoz Marín paso una ley meses después de la revuelta nacionalista desarmando al pueblo de Puerto Rico. Yo recuerdo que en mi barrio la policía iba casa por casa haciendo un inventario de las armas y los dueños de las armas. En mi casa no había armas pero la policía entro a mi casa y rebuscaron toda la casa. Pero en la casa de Don Mode, había ametralladoras, pistolas y revólveres. Al señor lo sacaron esposado de su casa y tengo entendido que murió en la cárcel. La ley de armas del 1950 solo permitía la portación de armas a comerciantes y personas que pudieran probar que no eran subversivos. Pero nadie podía andar por las calles exhibiendo un arma, porque aunque tuviera licencia de portar armas, era arrestado. Eso fue en tiempos de Muñoz Marín. Hoy día la cosa es completamente distinta.

El 1898 fue el último año de soberanía Española en Puerto Rico. Con la guerra Hispanoamericana, terminaban los 405 años de dominación española en la isla de Puerto Rico. Como resultado de los acuerdos firmados por España en la ciudad de Paris, Francia, Estados Unidos tomo como botín de guerra los siguientes países; Filipinas, Guam, Cuba, Santo Domingo, Puerto Rico y otras pequeñas islas. Estados Unidos decidió darle la independencia soberana al suelo cubano. Estados Unidos retuvo como posesiones norteamericanas, Guam, Filipinas, y Puerto Rico. Después decidieron darle la soberanía a Santo Domingo pero retuvieron tropas en el suelo dominicano. Debo señalar que Haití no es posesión de España. Las Filipinas obtuvieron una soberanía entre comillas pero también retuvieron tropas americanas en el archipiélago. Lo mismo ocurrió en Puerto Rico. El gobernador de Puerto Rico era nombrado por el presidente de Estados Unidos. Había una especie de legislatura bajo la tutela de los americanos. Esto simulaba una especie de soberanía local que nadie entendía. Verdaderamente el status colonial de Puerto Rico aún no ha sido resuelto mientras escribo estas líneas.

Más tarde vino lo que se conoció como el Acta Jones del 1917 donde el Gobierno Americano concedía la ciudadanía americana a los que nacían en Puerto Rico. Debemos recordar que para esa fecha todavía Estados Unidos y otros países mayormente europeos formaban una alianza porque la primera guerra mundial estaba en todo su apogeo. Quiere decir que los puertorriqueños estaban obligados a servir en la primera mundial porque el servicio militar era obligatorio para todo varón que tuviera por los menos los 18 años de edad.

Ya para la Segunda Guerra Mundial (1940-1945) aproximadamente estaba organizado en Puerto Rico el Primer Regimiento Militar, que se conoció como el Regimiento 65 de Infantería, el cual sirvió muy honrosamente protegiendo el Canal de Panamá, ruta principal de los barcos que cruzaban del Pacifico al Atlántico. También el Regimiento 65 de Infantería fue al frente de batalla en Europa y otros lugares de valor estratégico militar para el Ejército de Estados Unidos como lo era también Puerto Rico. Aviones que pasaban sobre mi casa con un destino desconocido. También se veía los reflectores militares buscando aviones enemigos en el cielo isleño. Eso eran los famosos apagones, que se quedaba la isla en tinieblas. Desde la casa de mi tío en San Juan yo veía los aviones militares tratando de localizar a los barcos y submarinos enemigos que se acercaban a las costas de la bahía de San Juan. Ya para el 1945, yo tenía 7 años de edad por lo tanto estaba exento del servicio militar (gracias a Dios.

Mi hermano Manuel ya para el 1947 ingreso en la Fuerza Aérea porque en esa época el servicio militar era obligatorio pero también uno podía ingresar de voluntario. Yo recuerdo que para entrar de voluntario uno tenía que cumplir ciertos requisitos. Si mal no recuerdo lo más importante eran;(1) Tener por lo menos 18 años de edad. Aunque yo recuerdo que muchos mentían y entraban con menos de 17 años de edad. La gente usaba certificados de nacimientos de otros familiares con nombres parecidos. Es más yo recuerdo que mi primo se cambió el nombre para poder cumplir con ese requisito. (2) Tener por lo menos cuarto año. (3) Pasar el examen físico. (4) Pasar un examen escrito cuyo mayor propósito es separar a los astutos de los morones.

Yo he notado que los muchachos que sirvieron en las fuerzas armadas realmente fue una bendición para muchos. Dicen que en el servicio militar entran niños y salen hombres. También el veterano de aquella época y sus familiares allegados tenían muchos beneficios. Por ejemplo; mi mama recibía mensualmente como beneficio de mi hermano Manuel unos cuantos dólares para ella y unos cuantos dólares para comprarme ropa, zapato y comida. Mientras mi hermano Manuel sirvió en la Fuerza Aérea esos beneficios ayudaron mucho a mi mama y a mí. Quiere decir que familiares de otros soldados recibían muchos beneficios del servicio militar. Aun los familiares de los soldados que murieron en los campos de batalla también recibían otros beneficios. Claro yo entiendo que no se puede medir en dólares la muerte de un ser querido. La guardia estatal de Puerto Rico, no tiene que ver en nada con la Guardia Nacional ni con el servicio militar porque son dos entidades separadas. Una es militar y la otra es civil.

Es bueno aclarar que la Guardia Nacional no es parte de la policía de Puerto Rico. Pero muchos que formaban parte de la guardia nacional usaban la GUARDIA NACIONAL como trampolín para entrar al ejército. Y creo que todavía se puede hacer. Pero eso es un tema que se lo dejo a los expertos. Debo señalar que el principal propósito de la guardia nacional era y aún es; ayudar al pueblo puertorriqueño en algunos desastres naturales, como inundaciones y tormentas, además de velar por la seguridad civil de la poblaci6n. Claro que es el gobernador de Puerto Rico quien puede activar la guardia nacional cuando la policía u otros organismos no dan abasto con la situación en cuestión. También el Presidente de los Estados Unidos puede activar en cualquier momento a la Guardia Nacional para que ayude al ejército norteamericano con cualquier misión para proteger la nación. Debido a estos mecanismos es que existe la duda de lo que en realidad es la Guardia Nacional de Puerto Rico.

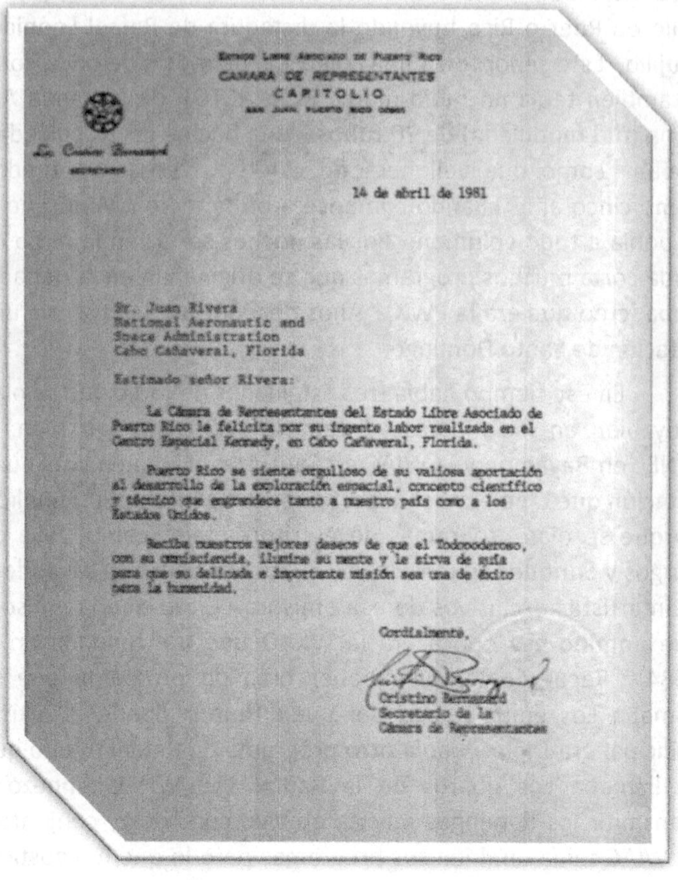

Estado Libre Asociado de Puerto Rico
CAMARA DE REPRESENTANTES
CAPITOLIO

14 de abril de 1981

Sr. Juan Rivera
National Aeronautic and
Space Administration
Cabo Cañaveral, Florida

Estimado señor Rivera:

La Cámara de Representantes del Estado Libre Asociado de Puerto Rico le felicita por su ingente labor realizada en el Centro Espacial Kennedy, en Cabo Cañaveral, Florida.

Puerto Rico se siente orgulloso de su valiosa aportación al desarrollo de la exploración espacial, concepto científico y técnico que engrandece tanto a nuestro país como a los Estados Unidos.

Reciba nuestros mejores deseos de que el Todopoderoso, con su omnisciencia, ilumine su mente y le sirva de guía para que su delicada e importante misión sea una de éxito para la humanidad.

Cordialmente,

Cristino Bernazard
Secretario de la
Cámara de Representantes

Figura 2: Carta de reconocimiento

BREVE HISTORIA DE LA RADIO EN PUERTO RICO

Como dije antes, yo tuve la dicha de que frente a mi casa vivía Don Genaro que era un señor dominicano que se exilo en Puerto Rico huyendo la dictadura de Rafael Leónidas Trujillo, Este señor tenía una colección de radios de onda corta y también tenía un radio marca RCA VICTOR de la banda AM (amplitud modulada) de 20 tubos y una bocina de 15 pulgadas. Sonaba como una vellonera de cafetín. Quizás yo tendría como cinco años cuando comencé a oír la radio AM porque él lo ponía a todo volumen. Por las noches se ocian la radio de onda corta muchos programas que se originaban en la Habana, Cuba (creo que era la PWX). Años después también se oía una estación de Santo Domingo.

En ese tiempo había tres estaciones de radio que se oían muy bien en Rio Piedras. Estaba la WKAQ en San Juan, la WNEL en Bayamón y la WIAC en Santurce. También había una estación que creo era del departamento de Instrucción pública, porque se oían programas de escritores tales como; Julia de Burgos y Enrique Laguerre. Lucy Boscana y Santiago Lavandero eran artistas exclusivos de esa emisora. Claro que la emisora que dómino esa época era la WKAQ que fue fundada en el 1934. Recuerdo también haber oído un programa que se llamaba Los embajadores del Buen Humor donde el artista principal era Diplo. Había otro programa de Rafael Agudo que se llamaba Los Jibaros de la Radio. La WNEL empezó a transmitir los domingos música en vivo con tríos y conjuntos. La WIAC tenía también sus programas pero lo que me gustaba era sus programas de noticias. No recuerdo bien la fecha pero ya para el 1948 había una emisora en Rio Piedras que se llamaba WWWW y el locutor de cabina era Pichín Román. Me gustaba la WWWW porque tocaban mucha música de Cuba, en especial los mambos de Pérez Prado.

En el 1949 el senador Ernesto Ramos Antonini presento un proyecto de ley que autorizaba la creación de la WIPR

Radio, como parte del Departamento de Instrucción Pública. El único objetivo de esta estación era primordialmente educativo y divulgar programas nativos de artistas nativos. Esa emisora representaría el patrimonio cultural del pueblo puertorriqueño. Yo escuchaba de vez en cuando esta estación porque era la única donde uno podía escuchar el trabajo cultural de los siguientes famosos artistas; Rafael Hernández, Sylvia Rexach, Rafael Enrique Saldaña, Abelardo Díaz Alfaro, Chuito el de Bayamón, Flavia Lugo, Marta Romero, etc., etc. De allí salieron muchos actores, músicos, cantantes, locutores, administradores y libretistas. Yo diría que los libretistas fueron los que sentaron las bases de los programas que luego se escucharon desde el 1950 hasta el 1960. Esa época fue una de gente súper talentosa. Como la radio cae en el sistema de comunicaciones es importante recalcar que en los 90 se creó la Autoridad de Teléfonos Públicos de Puerto Rico que tenía cierta conexión técnica con la WIPR.

A mí siempre me ha interesado la electrónica, en particular, la radio y la televisión. Tuve la suerte que desde niño sin querer queriendo me empape de los comienzos de la radio en Puerto Rico y viví parte de esa época en mi infancia hasta llegar a adulto. Cuando muchos años en el futuro me hice científico entonces pude visualizar mejor el progreso de la radio difusión no tan solo en Puerto Rico, sino también en el resto del mundo entero. La parte tecnológica no pertenece a los objetivos de este libro por lo tanto termino el tema aquí.

INFLUENCIA DEL BOXEO EN PUERTO RICO EN MI ADOLESCENCIA

Hablando de radio no me queda otro remedio que hablar también del boxeo para esa época. A mí me gustaba escuchar por la radio "las peleas" o como mejor se conoce, el boxeo. Cuando niño se hablaban mucho de "Joe Louis" quien era para mí como un ídolo. A mí no me gustaba pelear pero me gustaba ver a otros pelear. Recuerdo oír por la radio muchas de las peleas de Joe Louis y sus adversarios. Para mí, Joe Louis era un hombre invencible. Cuando empecé a escuchar sus peleas tenía un record extraordinario. No había perdido ni una pelea. En el 1936 le gano al alemán Max Scheneling. "Que un negro le ganara a un blanco" era cosa inconcebible especialmente en el sur de los Estados Unidos donde el "ku klux klan" campeaba por su respeto. También fue una deshonra para Adolfo Hitler quien creía en la superioridad de la raza Ariana. Pero en mi familia de crianza no había racismo y ya para el 1943 en adelante yo oía a mis vecinos formando una algarabía cuando oían las peleas de Joe Louis el campeón de Detroit.

Yo me hice fanático de Joe Louis y seguí su carrera hasta el que le llego su final. En mi barrio era costumbre formar un grupo frente a la radio de algún vecino y escuchar golpe por golpe las peleas. Es importante enfatizar que la isla de Puerto Rico ha sido posiblemente la única isla antillana donde el boxeo siempre ha jugado un papel importante en la vida diaria de los puertorriqueños. Yo recuerdo a Joe Louis porque fue un hombre que se enfrentó a los mejores boxeadores de su época. En aquella época se hablaba mucho de los siguientes (la lista no es completa); Max Schenneling, Jack Roper, Arturo Godoy, Billy Conn, Jersey Joe Walker. También recuerdo los siguientes boxeadores de peso completo que fueron gloria de ese deporte en aquella época; Tommy Burns, Jack Johnnson, Jack Dempsey, Jeann Tunney, Tom Gibbon, Primo Carnera,

Ezzard Charles, Rocky Marciano y Floyd Patterson. Claro que existen otras categorías por peso que no voy a mencionar. Cuando yo era niño también se hablaba de Sixto Escobar el primer puertorriqueño campeón en la categoría de peso pluma. Y me recuerdo del antiguo parque de pelota que llevaba su nombre, es decir, el parque de pelota Sixto Escobar que quedaba cerca del "Escambron Beach Club" en San Juan.

La categoría de peso completo siempre ha sido dominada por gente de color. El único boxeador de nombre hispano que recuerdo fue para el año 2000 cuando John Ruiz. El se enfrentó a muchos boxeadores muy buenos por cierto. La categoría del peso pluma hasta el peso Walter yo diría que es dominado por boxeadores puertorriqueños y boxeadores mexicanos.

LA ESCUELA SUPEROR EN LA DECADA DEL 50

Del 1952 al 1956 fue una época muy difícil para mí desde el punto de vista de mi salud. Pero en ese mismo cuatrienio es cuando yo empiezo los estudios en mi escuela superior, es decir, del primero al cuarto año de escuela superior. Desde el punto de vista académico yo no tuve muchos problemas porque a pesar que no estudiaba todos los días mi mente ha sido de una memoria fotográfica. Todo lo que veo y oigo se me queda en mi memoria como si fuera una grabadora de video.

Las asignaturas que más me gustaban eran las siguientes; Algebra, Geometría Plana, Geometría Solida, Trigonometría, Física, Química, Biología y Artes Gráficas. A mí no me gustaba mucho la clase de español porque era muy monótona. Todo lo que había que hacer era copiar en la libreta todo lo que la maestra escribiera en la pizarra. La maestra le decíamos Misis Miro, aunque su nombre era Enriqueta Miro que casualmente era también la madre de uno de mis compañeros, Antonio Miro Montilla. El esposo de Misis Miro trabajaba en la Universidad de Puerto Rico. Tanto Antonio como su mama eran muy buenas personas y nunca tuve problemas en esa clase. La clase de Ingles me gustaba pero no me agradaba la monja que enseñaba la clase. Era muy estricta y disciplinada. Tampoco yo tenía buena relación con la monja que enseñaba ciencia y matemáticas y nunca saque buenas notas en esa clase porque ella siempre pensó que yo me copiaba. La pobrecita estaba bien equivocada, pero yo aprendí que era mejor callar que pelear contra una pared.

Durante la escuela superior mayormente fui bien rebelde. Pero yo no era el único. Así que un día formamos un grupito que consistirá de; Paquito Ramos, Carlos Castro y Manuel Varela y yo de vez en cuando uno que otro que se sumaba a nuestras aventuras en contra de las monjas. Yo quiero decir aquí todas las travesuras que le hicimos a las pobres monjita eran cosas de la edad; por ejemplo, apagar la luz, esconder la tiza, esconder el borrador, lanzar un avión de papel al aire, etc., etc. Claro, nosotros no éramos los únicos. Había niños en otros grados que también hacían sus travesuras, pero esas eran minúsculas cuando la comparábamos a las nuestras.

Mis notas eran; muchas C's, pocas B's y de vez en cuando una A. Pero eso de las notas a mí no me importaba porque dentro de mi ser yo sabía que yo no era tan bruto. Pero mis circunstancias de niño pobre y rebelde me tenían al margen de perder en cualquier momento todos los privilegios y quedarme en la calle. A mí lo que me salvaba era que mi padre y mi familia por parte de padre eran personas muy adineradas y eran católicos apostólicos romanos. También yo mantenía buena relación con los sacerdotes de la parroquia porque mi hermano Carmelito estaba estudiando para sacerdote.

Yo siempre he tenido mucho respeto a los sacerdotes. Los enemigos de la religión católica se pasaban criticando a los curas y las monjas. La crítica siempre ha existido y existirá. Yo nunca los vi a ellos hacer cosas inmorales con niños o niñas. Siempre había un respeto hacia los parroquianos. Las monjas, sin embargo, vivían en el último piso del edificio del colegio y era imposible subir hasta el último piso. Primero, el ascensor no tenía botones accesible al cuarto piso, porque se necesitaba una llave. Y segundo en las escaleras que daban al cuarto piso tenían portones de rejas de hierro con candado. Solo las monjas y los sacerdotes tenían llaves. Por lo tanto las monjas vivían bien seguras.

A mí siempre me intrigaba que ocurría allá arriba, pero era mejor mantener la boca callada. Yo aprendí desde el primer grado que había que respetar las medidas de seguridad en ese colegio. Yo le preguntaba a mi mama, por qué tanta medida de seguridad y ella siempre me contestaba "en boca cerrada no entran moscas." Mi vida como estudiante de escuela superior fue muy significativa. Desde el punto de vista académico yo diría que mis años de escuela superior fueron muy determinantes para mi porvenir.

LA MEDICINA Y LA BRUJERIA

Desde el 1952 hasta el 1954 sufrí una serie de enfermedades que por poco pierdo la vida. Claro ya yo había sobrepasado vencer las enfermedades de los parásitos gastrointestinales. Ahora vendrían peores enfermedades. Primero me dio sarampión, mas tarde me dio farfallota, mas luego me dio difteria (esa fue la peor) y por último los dichosos vómitos.

Recuerdo que por la mañana me sentaba a desayunar un plato de avena y una taza de café que me daba mi mama. A los quince minutos me venía un vómito y me tenía que lavar lo boca y acostarme por 5 o diez minutos. Entonces me sentaba de nuevo y me comía lo que pudiere y me volvía acostar hasta que me pasara la náusea. Entonces me iba para la escuela. A las 10 de la mañana había un receso de 10 minutos en la escuela y me tomaba un refresco y quizás un pequeño sándwich. A las doces me comía un poco de almuerzo del que nos daban las monjas. Las clases terminaban a las tres de la tarde y cada cual se iba a su casa y yo iba a la oficina de la principal para ver que tarea tenía para ese día. Luego como a las tres y media me iba para mi casa a pie. La mayoría de los niños los papas los venían a buscar en carro. Otros que vivían cerca del colegio se iban a pie, pero yo tenía que caminar como media hora hasta llegar a mi casa. Tenía que cruzar una quebrada y luego una finca para llegar por un atrecho a mi casa. Si la quebrada estaba crecida entonces me tenía que ir por el camino más largo. Yo nunca le tuve miedo a nada y hacia lo que tenía que hacer para llegar a mi casa. Mi casa era mi reino. Allí mi mama me trataba como a un rey. Después que me bañaba me ponía a oír la radio. A veces mis amigos venían a buscarme para jugar y yo le pedía permiso a mi mama para que me dejara ir a jugar. Claro como yo vivía en un barrio que tenía mala fama, mi mama le preocupaba que me pasaron algo y luego tener que rendir cuentas a mi padre que no vivía conmigo.

Mi mama me llevo a los mejores médicos de Rio Piedras que había en aquella época. Ya el doctor Ramírez Santos y el Dr. Garrido Collazo me conocían. Pero en aquella época los mejores doctores eran los farmacéuticos. Había tres farmacias que ya me conocían. La Farmacia San Rafael de Don Arístides, La farmacia San Miguel de Don Miguel y la Farmacia Capella del Licenciado Capella como le gustaba que lo llamaran. Mi mama iba y le decía cuál era mi problema y el farmacéutico enseguida preparaba un tónico y yo me lo bebía de acuerdo a las instrucciones. Algunos funcionaban y otros eran meros elixires que te ponían en un estado mental como si estuvieras entre el cielo y la tierra. Pero un día me puse a leer la etiqueta y decía "contiene 20% alcohol." No en balde yo me sentía entre el cielo y la tierra y con ganas de bailar.

Claro mi mama estaba muy preocupada por mi salud, pues, ya había vendido una nevera "Frigidare" para poder pagar los gastos de médicos y medicinas. Hay que recordar que, tener una nevera en aquel tiempo era cosa de gente rica. Pero en mi casa había nevera y radio (que no era muy común en aquella época en casa de pobre). Como ella estaba muy confundida, se decidió llevarme a una señora que se llamaba "la bruja." Esta señora era como especie de curandera mezclada con la religión africana de los "yoruba". Era una especie de "babalao." Después que la señora me baño en un balde lleno de unas hojas de matas que desconozco pero que eran muy perfumadas y embriagante entonces grito y le dijo a mi mama "a este nene le echaron un mal de ojo y tiene un empacho que hay que sacárselo." Mi mama le pregunto ¿Cuánto cuesta eso? Son como 30 dólares pero si no los tiene me los paga poco a poco. La señora me dio a beber una cosa peor que un purgante de aceite de castor. Pues bien, vomite hasta el verde de las tripas, no sé qué otras cosas salieron pero a los pocos días ya yo estaba comiendo normalmente. Mi mama les dijo a los vecinos que "alguien le echo un mal de ojo a mi nene." Desde esa época para acá yo he creído que hay mucha gente que me envidian y me quieren ver muerto. Tanto en Puerto Rico, como en otras islas y países, existe este tipo de persona, o personas que se dedican a estas hechicerías. En mi barrio, le llamaban "espiritistas" y en otros sitios tienen otros nombres pero la raíz común es la religión que los negros africanos trajeron de África. En mi familia había o hay mucha gente que practican estas cosas a espaldas de los curas. Existe muchas supersticiones y muchos la practicamos y no estamos conscientes de que eso viene de las raíces africanas.

Ya para el tercer y cuarto año yo estaba limpio de esos problemas estomacales. Y por si acaso, yo también pensé y seguí el ejemplo de los farmacéuticos de aquel tiempo. El alcohol es un ingrediente muy importante de muchas medicinas. Yo diría que desde esa época para acá el alcohol ha sido parte integrante de mi vida. Lo importante es como todo en la vida, "Los excesos siempre son malos." Por lo tanto, yo solo he usado el alcohol en forma controlada y solo uno o dos veces en semana. Mi papa y algunos de mi familia tomaban todos los días. Y pagaron con sus vidas por no saber controlar el alcohol. Yo me atrevo a decir que muchos de nuestros mejores artistas y una serie de gente profesionales; incluyendo abogados, médicos, escritores, pintores y también gente de menor rango han sucumbido victimas del alcohol. Por lo tanto, yo sabiendo todo eso he tenido mucha precaución porque "el que juega con candela se quema." En ocasiones yo he tenido botellas y botellas de licores de distintas marcas y sabores y yo no me atrevo a tocarlas porque sé muy bien las consecuencias.

MI PRIMER TRABAJO

Cuando cumplí 15 años en el 1953 mi mama me dijo que era importante en la vida trabajar y ahorrar dinero. Ella fue al esposo de mi prima que se llamaba Lalito que me diera trabajo. Lalito tenía un pequeño colmado en la loma del viento en el barrio Buen Consejo. Lalito estaba casado con mi prima María y yo conocía a Lalito porque él había sido guardia penal. Mi tío Rafael mato a su nuero en medio de una borrachera y fue a parar a la cárcel de Rio Piedras. Allí fue que yo conocí a Lalito quien se caso con la hija de mi tío Rafael que se llamaba María.

En el primer día de mi trabajo Lalito me enseño a cortar una cola de bacalao. En ese tiempo se usaba la parte de abajo del tronco de un árbol como mesa de cortar. Aprendí a cortar colas de bacalao, y otros tipos de carne con una chuela que estaba bien afilada. Allí también aprendí el valor de un dólar y que alguien me pagaba por mi trabajo. Pero solo me pagaba medio peso al día y eso no me gustaba. Yo le dije a mi mama que yo quería ganar un dólar al día pero Lalito me dijo a mí y a mi mama que yo en realidad no podía trabajar porque era menor de edad. Así que tuve que esperar a los 16 años para poder trabajar con la autorización por escrito de mi mama.

Yo tenía dos primos. Jesús era el dueño de LA RIVERA y Pepe era el dueño de LA COLOMBINA en el centro del pueblo de Rio Piedras. Mi mama trabajaba de costurera en la TIENDA LA RIVERA. Más tarde mi primo pepe abrió una tienda que se llamaba LA CALIFORNIA. Allí comencé a trabajar solo los sábados desde los 16 años hasta los 18 años. Mi primo me pagaba un dólar por día. Para mí eso era una fortuna porque una coca cola costaba un vellón y un buen sándwich costaba una peseta. El cine costaba de 15 a 20 a centavos. Por lo tanto, yo ahorraba y podía ir al cine los domingos y ver todas las películas que a mí me gustaban.

En la tienda aprendí muchas cosas;(1) a bregar con la gente (2) usar la matemática (3) hacer sugerencias a mi supervisor (que era mi primo) (4) entender el valor de un dólar, en fin eso fue una escuela para mí. Un día fui a buscar un pantalón para un cliente y encontré una estiba de pantalones con gusanos. Entonces fui a mi primo y le dije que iba a perder todos esos pantalones. El me pregunto; ¿Qué tu quieres que yo haga? Claro eso me lo dijo con mucho coraje. Yo le conteste; Pues yo pondría todos esos pantalones afuera en la acera y le pondría un anuncio que dijera "VENTA AL BARRER." También le dije que pusiera en una esquina del anuncio en letras pequeñas "algunos pantalones tienen defectos, no se aceptan devoluciones." Bueno, pues los pantalones se vendieron todos y mi primo me regalo cinco pesos. Así fue que empezó mi talento de comerciante.

Un día una señora me pidió un zapato que había visto en la vitrina. Yo fui a la vitrina y veía el zapato pero en lo que llegue al almacén se me olvidó el estilo del zapato. Traje el zapato incorrecto y la señora me insulto. Entonces yo me senté a pensar cómo resolver ese problema, fue entonces que fui a mi primo con otra idea. Yo le sugerí a mi primo que ha cada zapato le pusiera encima del precio del zapato un numero. Es decir, cada estilo tiene un número único. En el almacén se ponía en cada caja de zapato ese número. Un número por cada estilo. Esa idea le gusto y se implementó. Cuando el cliente venia uno le preguntaba al cliente ¿Qué zapato usted quiere? El cliente decía "aquel." Entonces el vendedor apuntaba el número del estilo, iba al almacén y buscaba el número del estilo y el tamaño del zapato. Esa idea fue también un éxito. Entonces mi primo me dio diez dólares.

Todas las tiendas se copiaron de esa idea. Pero yo luego pensé que los cinco o diez dólares era casi nada por vender una idea. Por eso, me dije a mi mismo, no voy a dar más ideas. También pensé que yo realmente no debía de quedarme trabajando vendiendo zapatos porque eso no era un buen porvenir para mí. Había empleados de mi primo que habían trabajado más de veinte años y todavía vivían en casa alquilada y no tenían cuentas de ahorro en el banco.

Un día fui a mi mama y le dije, "cuando yo termine mi cuarto año yo quiero ir a estudiar a la Universidad de Puerto Rico. Yo quisiera ser un ingeniero o un médico. Yo no quiero pasar el resto de mi vida vendiendo chucherías en una tienda por departamentos." Ella me contesto que haría todo lo posible para conseguir el dinero.

Por fin en mayo del 1956 tuve la dicha de ver coronado mis sinsabores y sacrificios cuando me gradué de cuarto año de escuela superior. Todavía conservo mi diploma de cuarto año con mucho orgullo porque yo sé que me costó trabajo y los grandes sacrificios por parte de mi madre de crianza quien me ayudo a lograr esa meta.

MI BACHILLERATO EN LA UNIVERSIDAD DE PUERTO RICO

Durante este cuatrienio muchas cosas interesantes ocurrieron en mi vida. Después de graduarme de cuarto año yo le pedí a mi mama que me pagara la matricula del primer año de estudios en la Universidad de Puerto Rico, recinto de Rio Piedras, mejor conocida con las siglas UPR. Le prometí a mi mama que después de un año yo me encargaba de los gastos escolares, trabajando en lo que fuere. Yo había sido admitido al "Colegio de Agricultura y Artes Mecánicas" mejor conocido como el CAAM de Mayagüez y al recinto de Rio Piedras de la Universidad de Puerto Rico. Yo no pude ir al CAAM porque Mayagüez me quedaba muy lejos, mientras que la UPR quedaba en Rio Piedras y yo nací y me crie y vivía en esa ciudad. Por lo tanto lo más barato era asistir a la UPR recinto de Rio Piedras.

Mi primer año en la UPR fue bastante difícil porque me tenía que ajustarme a otro ambiente escolar. Mi promedio de entrada era de 3.0 y me toco coger clases con los mejores maestros. Mi profesora de Inglés era una señora americana que era muy buena y solo hablaba inglés. Eso para mí no era problema porque yo aprendí hablar inglés desde niño. La profesora de español era una señora muy inteligente y aristocrática del tiempo de los españoles, se llamaba la Profesora Ramos Mimoso. Esa clase de español era difícil para mí. Saque F en el primer examen. Entonces cogí el examen y escribí una F bien grande sobre el papel y lo pegue a la puerta de mi cuarto. Entonces frente a la puerta de mi cuarto jure no volver a sacar una F. Le puse toda mi atención a esa clase y estudie mucho. En el segundo examen saque A. Para mí eso fue un gran triunfo pero el papel de la F estuvo en mi puerta por un año. Lo deje mucho tiempo para recordarme que era muy probable volver a sacar una F. Mi profesor de la clase de Humanidades era Antonio Olivero, un hombre inteligentísimo que me inspiro mucho. En esa clase siempre sacaba A. Mi profesor de Ciencias Sociales era José Arsenio Torres, quien era también un excelente profesor. Los estudiantes le decían Sócrates. En la clase de Ciencias Físicas me toco con el jefe del departamento que se llamaba Ken Manfred. Era un judío expatriado pero era muy bueno en las ciencias. La clase de matemáticas me toco con Pedro Laborde quien también era el jefe del departamento de Matemáticas. Ese señor fue una gran inspiración en mi carrera como matemático. En la clase de Botánica y de Zoología también me toco una buena maestra, que de momento se me olvida su nombre. El jefe del departamento de Ciencias Biológicas era Kiko Pesquera que también fue mi profesor de Zoología. El Prof. Pesquera quería que yo estudiara medicina pero yo le dije que me gustaban más las matemáticas y la Física.

Mi primer año de universidad fue bastante duro para mí. Rebaje como 10 libras ese año. Yo pesaba apenas 110 libras. Mis compañeros me llamaban EL FLACO SOCRATITO. Eso a mí no me importaba porque en nuestro ámbito académico todos tenemos un sobrenombre. Un año más tarde me llamaban GALILEITO.

Al finalizar el primer año universitario mi promedio subió de 3.0 a 3.5 y eso me hizo elegible a una beca legislativa. Eso quería decir, que la beca me pagaba la matrícula y los libros. Por lo tanto, yo no pagaba nada en materia escolar. Solo pagaba los almuerzos en una casa de pupilos. Mi transportación era muscular. Es decir, caminaba todo los días de mi casa a la UPR. Eran 30 minutos de caminata por la mañana y 30 minutos por la tarde de regreso a mi casa. Yo me iba a la biblioteca a estudiar durante el día para evitar la caminata. Por las noches estudiaba en mi casa.

Durante toda mi estadía como estudiante en la UPR siempre tuve la beca legislativa. Esta era una beca que otorgaba el gobierno de Puerto Rico a los estudiantes sobresalientes. Me pagaban la matrícula y los libros y también me daban algún dinero para la transportación. Como estudiante universitario yo tenía acceso a los servicios médicos que ofrecía la universidad a sus estudiantes. De hecho yo nunca he tenido que pagar los gastos de estudios porque siempre había una beca o algún recurso que me pagaba esos gastos. Hoy día me da mucha pena ver a mis hijos y al resto del estudiantado de los Estados Unidos que tienen que embargar su vida futura para poder tener una carrera universitaria. Claro que hoy día también existen los mismos recursos que yo tuve pero son más difíciles de obtener.

Los sábados trabaja en la tienda LA CALIFORNIA que era propiedad de mi primo. Lo poco que me pagaba lo usaba para pagar el cine. Yo iba al cine todos los sábados por la noche y los domingos por la tarde. Yo veía todas las películas mexicanas, cubanas, argentinas y claro las películas de vaqueros de Hollywood. También me gustaba los episodios, tales como los siguientes; Roy Rogers, Gene Autry, El Zorro, etc. No me perdía las películas de Tarzan con Johnny Weismuller. En fin; siempre he sido un fanático del cine.

Quiero contarles un dato curioso. De la UPR a mi casa era una caminata de 30 minutos. Yo cogía una calle, que si mal no recuerdo se llamaba William Jones, que empezaba donde pasaba la vía del tren que se conocía como Avenida Universidad en el Barrio Capetillo de Rio Piedras y terminaba en la calle Paz, cerca del Colegio San José. De ahí a la calle Buen Consejo eran como 5 minutos. En aquella época existía en Puerto Rico un tren de pasajeros que pasaba por detrás de la UPR y había una estación del tren, frente al portón de atrás de la UPR. Ya cuando yo empezaba mis años universitarios la vía del tren la habían arrancado pero todavía estaba la casita que era la estación del tren. Luego quitaron la casita y empezaron a construir una avenida que a cada rato le cambiaban el nombre. No sé cómo se llama hoy día.

En Capetillo, yo tenía que pasar frente a un negocio o barra que se llamaba el Chaguins' Bar Yo oía la algarabía y la música de tríos y un día yo me atreví a entrar al negocio y lo que vi fue una cosa increíble. Allí vi a muchos artistas de la radio y los discos como los siguientes; Felipe Rodríguez, Pedrito Berrios, Henry Vázquez, Tito Lara, y otros que no recuerdo sus nombres. Ellos me miraron y se rieron al verme con mis libros.

Uno de ellos me pregunto, ¿Muchacho que tú haces aquí? Yo contestes sin perder el tiempo. "Yo soy un estudiante universitario amante de la buena música y solo quiero pedir permiso para sentarme en la barra y tomarme una cerveza." Entonces procedí a sentarme en la barra y pedir una cerveza y escuchar pedazos de canciones que cantaban aquella gente entre cuentos y chistes. Claro en Puerto Rico de ese tiempo no había las leyes que existen hoy. Yo empecé a beber cerveza en público desde que tenía como quince años. La única ley que existía era tener dinero para comprar cerveza. El ron no lo vendían tan fácil porque estaba más controlado. Pero uno se podía bañar en cerveza y nadie decía nada. Esa noche solo tenía dinero para dos cervezas que las alargue como por cuatro. De ese día en adelante, yo entraba solo los viernes. Pues esa gente yo creo que se amanecía. Esa gente se reunía especialmente después de los shows y no había hora de cierre. De ese sitio salieron muchos tríos y grupos que luego fueron profesionales.

De lunes a viernes estaba entregado 100 porciento a mis estudios. Los domingos por la mañana se lo dedicaba a mi fe católica. Me gustaba ir a misa con mi mama o con mis amistades. Mi familia siempre era fanática de la religión católica. Yo no era ni nunca he sido fanático de ninguna religión. Practico mi religión y respeto la religión de mi prójimo. También entiendo aquellos que se llaman ateos, y a los que van a la iglesia dos o tres veces al año.

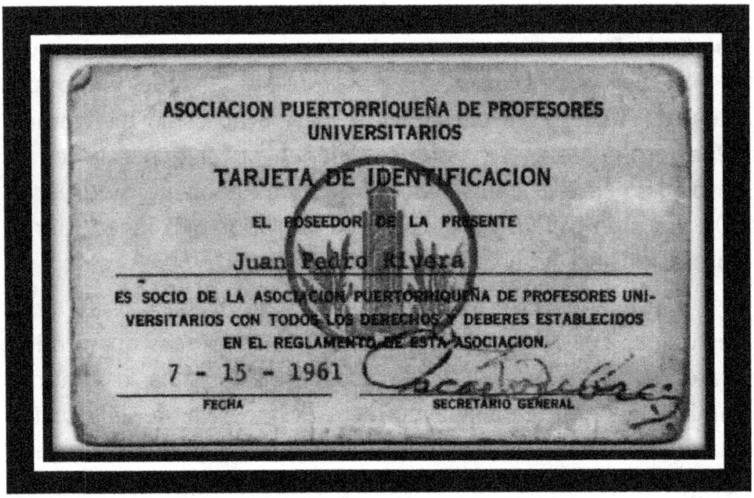

Figura 3: Tarjeta de identificación

PROFESOR ASISTENTE EN MATEMATICAS Y CIENCIAS FISICAS

También debo decir que para esta época yo tenía una novia de compromiso pero debido a problemas entre mi novia y mi mama la relación sufrió bastante. Debido a ese conflicto mi novia y yo nos separamos. Por lo tanto, yo ansiaba reconciliarme con mi novia, ya que el compromiso se había roto y mi mayor objetivo era ver si se podía salvar la situación. El mayor problema que yo tuve con mi novia de compromiso fue en materia de religión. Yo era católico y su familia no era católica. Para empeorar la situación, el padre de mi novia era miembro de la logia masónica. La iglesia católica por alguna razón no veía con buenos ojos a los masones. Para complicar las cosas aún más, mi mama de crianza no permitió que yo llevara a la muchacha a mi casa. Yo estaba dispuesto a romper esas barreras estúpidas porque para mí lo importante era la relación y no la religión. Por ese lado ya los católicos me habían echado la bola negra.

Yo tenía buenas relaciones con sus padres, con su hermana y con toda su familia. Para mayor desgracia el hermano mayor de mi novia pereció en un accidente de avión junto con su esposa. El hermano mayor se llamaba Edwin y su esposa se llamaba Zenaida. Edwin estaba estudiando para dentista y le gustaba hablar conmigo de muchos temas. Mi novia tenía un tío que también se llamaba Edwin y nos llevábamos muy bien. Todos los viernes yo iba a un negocio que tenia Edwin "el grande", que así le llamábamos para diferenciarlo de Edwin "chiquito", y allí fue que conocí a el gran compositor puertorriqueño Rafael Hernández. Yo me sentaba en una mesa hablar con Rafael Hernández y con otro magnifico compositor de nombre Edmundo Disdier. Alli formábamos una tertulia y terminábamos cantando y hasta dando serenatas. Tanto Rafael Hernández como mi novia y familia eran del area de Aguadilla. Pero cuando pereció Edwin chiquito y su esposa, en ese accidente aéreo, entonces vino la tristeza la familia. Yo decidí entregarme de lleno al "alma mater" que para mí siempre ha sido la UPR.

Volviendo al aspecto académico, les puedo decir que yo declare la matemática como mi concentración. Los cursos electivos los hice en cursos de Física. Los maestros de matemáticas sabían que yo iba aprendiendo con mucha agilidad todos los cursos de matemáticas. Tan es así, que yo termine con todos los requisitos del bachillerato de matemáticas en tres años. Durante mi tercer año universitario un profesor de matemáticas me llamo a su oficina. Su nombre era Dr. Alfredo Piñero. El me pregunto si yo quería ganarme algún dinerito. Yo le pregunte qué era lo que tenía que hacer. Él me dijo que me necesitaba para ser su ayudante. Mi responsabilidad principal era corregir todo los exámenes de sus estudiantes. Más tarde me puso de tutor de estudiantes. Luego hizo que lo acompañara a los cursos que el enseñaba en **extramuros**. Voy a explicar el significado de esa palabra.

El rector de la UPR, Don Jaime Benítez, instituyo un programa que se dio a conocer como Extramuros. En aquella época solo existía la UPR con dos recintos. Uno en Mayagüez que se conocía como el CAAM y otro en Rio Piedras que se conocía como la UPR. Don Jaime vio la necesidad de llevar la UPR a otras ciudades importantes para darles oportunidad a muchos maestros de la Educación Pública para que tomaran cursos en Matemáticas y Ciencias. Todos los sábados los profesores de extramuros iban a esas ciudades a enseñar desde las 9:00 AM hasta las 2:00 PM. Se usaban las facilidades del sistema de instrucción pública para usar sus salones. Generalmente era una escuela superior que tuviera una buena planta física. Los centros estaban localizados en las siguientes ciudades; Ponce, Arecibo, Vega Baja y Humacao. El concepto era llevar a esas ciudades profesores de la UPR para que los estudiantes (maestros de escuelas) no tuvieran que ir a Rio Piedras. Ese concepto académico fue una sensación. De ahí nació lo que se llamó Colegios Regionales. Me preguntaran que es eso. Los Colegios Regionales ofrecían los primeros dos años de cursos que se llamaban ESTUDIOS GENERALES, que son los cursos que todos los estudiantes de Bachillerato tienen que coger antes de entrar en su concentración. Al final de esos dos años los estudiantes entonces podían seguir cursando sus estudios en Rio Piedras o en Mayagüez. La idea era descongestionar a la UPR de Rio Piedras y poder usar mejor la planta física existente en aquella época. A la vez se empezó a construir y expandir las facilidades de Rio Piedras. Esta idea no es original de Don Jaime Benítez, porque aquí en Estados Unidos la misma idea se conoce como "Community College." Claro que Don Jaime le hizo una variación para poderlo acoplar a la realidad del Puerto Rico de aquella época.

La experiencia desde el punto de vista administrativo es que por lo general de 100 estudiantes que entran el primer año, ya para finales del segundo año quizás 40 quedaban y el resto no continuaban los estudios universitarios y se salían de la UPR para seguir otra ruta. Los Colegios Regionales se convirtieron en el cedazo para hacer mejor uso de la planta física de Rio Piedras.

Yo empecé a trabajar en extramuros como asistente del Profesor Piñero para el 1958. Todavía conservo el contrato que me hizo Don Jaime Benítez. Favor de referirse a la figura 3A. Un día le dije al Dr. Alfredo Pinero que para el final de mi tercer año yo quería enseñar en Rio Piedras. Cuando yo termine mi tercer año y ya cumplido todos los requisitos para el bachillerato de matemática entonces me nombraron instructor de Ciencias Físicas. Es decir, que durante mi cuarto año de universidad ya yo era profesor universitario. Solo enseñaba una clase. Mi cuarto año universitario lo utilice para completar los requisitos de la concentración de Física. En mayo del 1960 yo me gradué de la UPR con un bachillerato en ciencias y dos concentraciones, uno en matemáticas y el otro en Física. Mi promedio en los cuatro años subió a 3.6 y me gradué con altos honores.

Para mi mayor sorpresa, el jefe del departamento de Ciencias Físicas, en esa época era el Prof. Pedro José Rivera. Un día el me llamo a su oficina y me pregunto que si yo quería ser profesor de Ciencias Físicas. Yo, sin titubear le conteste en el acto con un SI bien grandote. Yo tenía solo 22 años y a esa edad empecé formalmente mi carrera como profesor universitario. En esa época, uno tenía que enseñar cuatro grupos o lo que llamaban secciones de Ciencias Físicas. Eso se consideraba la carga académica completa de un profesor universitario. Debo de señalar, para los que no lo saben que un profesor además del trabajaba en el salón de clases, el profesor tiene otras responsabilidades que toman mucho tiempo como por ejemplo; preparar las clases, corregir exámenes y otras tarea escolares, recibir a los estudiantes en la oficina para contestar cualquier pregunta o ayudar al estudiante. Además de eso hay que ir a reuniones, simposios, leer, leer y leer. Es decir, es un trabajo que consume mucho tiempo fuera del salón de clases.

Imagínense ustedes lo orgullosa que se sentía mi mama de crianza y mis hermanos de crianza. Mis padres verdaderos y hermanos también se quedaron boquiabiertos. Pues nadie se imaginaba que un muchacho flaquito y raquítico fuera un genio en matemática y física.

Resumiendo, desde 1956 al 1960 mi vida dio un cambio increíble. Fíjense que hasta las muchachas me llovían y estaban detrás de mí. Mi primer sueldo fueron $300 dólares al mes. Ese dinero lo use para el pronto pago de un carrito que me compre, que me costó $1,000. Claro que con los intereses y otros cargos llegaba a más de mil dólares el costo total. Mi primer carro fue un Chevrolet Belair del 1953 de cuatro velocidades y cuatro puertas. Yo me sentía tan contento con mi carrito que me servía de medio de transportación. Como yo vivía en el barrio Buen Consejo, la gente se rascaba la cabeza al ver a un muchacho de 22 años guiando su carro propio. La gente que me vieron crecer en ese barrio se sentía orgullosa de mí. Porque uno de ellos pudo lograr a tan temprana edad tanto éxito.

Quiero aprovechar la oportunidad para rendir un homenaje a mis maestros universitarios de la UPR de aquella época. Los mas que recuerdo son mis maestros de Física; Rafael Arce, Santiago Ramírez, Dra. Leticia del Rosario, Dr. Amador Cobas, Prof. Pereira, Prof. Matos, y los otros que no recuerdo en este momento. Mis maestros de matemáticas; Prof. Enrique Bayo, Dr. Pedro Laborde, Dr. Alfredo Piñero, Prof. Jesús Lima, Prof. Jesús Bajo y a otros que no recuerdo. Del resto de asignaturas yo diría que la lista es larga pero los siguientes dejaron huellas en mí; Prof. Antonio Oliveros (humanidades), Prof. José Arsenio Torres (Ciencias Sociales), Prof. Kiko Pesquera (Zoología), Prof. Facundo Bueso (física), Dr. Roberto Díaz(matemáticas). Decanos y jefes de Depto.; Ken Manfred, Prof. Pedro José Rivera, Don Jaime Benítez (rector), Dr. Daniel Curet (decano) y a otros que no recuerdo.

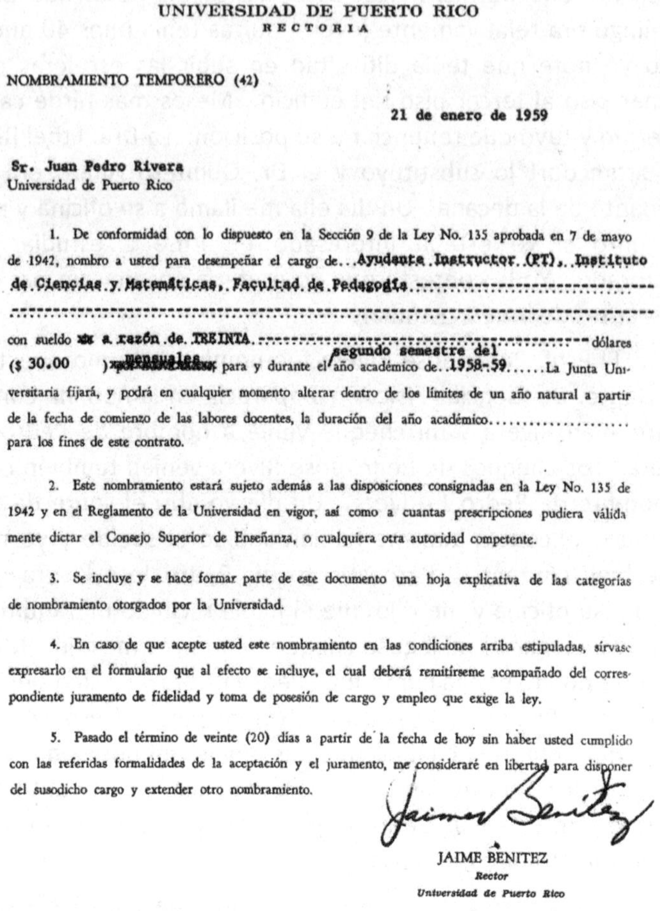

UNIVERSIDAD DE PUERTO RICO
RECTORIA

NOMBRAMIENTO TEMPORERO (42)

21 de enero de 1959

Sr. Juan Pedro Rivera
Universidad de Puerto Rico

1. De conformidad con lo dispuesto en la Sección 9 de la Ley No. 135 aprobada en 7 de mayo de 1942, nombro a usted para desempeñar el cargo de... Ayudante Instructor (PT), Instituto de Ciencias y Matemáticas, Facultad de Pedagogía ....

con sueldo a razón de TREINTA .... dólares ($ 30.00) mensuales para y durante el segundo semestre del año académico de 1958-59...... La Junta Universitaria fijará, y podrá en cualquier momento alterar dentro de los límites de un año natural a partir de la fecha de comienzo de las labores docentes, la duración del año académico.................... para los fines de este contrato.

2. Este nombramiento estará sujeto además a las disposiciones consignadas en la Ley No. 135 de 1942 y en el Reglamento de la Universidad en vigor, así como a cuantas prescripciones pudiera válidamente dictar el Consejo Superior de Enseñanza, o cualquiera otra autoridad competente.

3. Se incluye y se hace formar parte de este documento una hoja explicativa de las categorías de nombramiento otorgados por la Universidad.

4. En caso de que acepte usted este nombramiento en las condiciones arriba estipuladas, sírvase expresarlo en el formulario que al efecto se incluye, el cual deberá remitírseme acompañado del correspondiente juramento de fidelidad y toma de posesión de cargo y empleo que exige la ley.

5. Pasado el término de veinte (20) días a partir de la fecha de hoy sin haber usted cumplido con las referidas formalidades de la aceptación y el juramento, me consideraré en libertad para disponer del susodicho cargo y extender otro nombramiento.

Jaime Benítez

JAIME BENITEZ
Rector
Universidad de Puerto Rico

Figura 3A: Contrato de mi primer trabajo

PROFESOR DE CIENCIAS FISICAS

Don Domingo Marrero era el Decano de la Facultad de Estudios Generales y en cierta medida fue mi primer jefe. Yo era miembro de la facultad de Ciencias Física del Colegio de Estudios Generales que era el nombre que Don Jaime Benítez prefería al referirse a esta facultad. Estaba también el Colegio De Ciencias Naturales bajo el liderato del Dr. Facundo Bueso, quien fue uno de mis maestros de Física. A pesar que Don Domingo era relativamente joven, quizás tenía unos 40 años, pero yo note que tenía dificultad en subir las escaleras del primer piso al tercer piso del edificio. Meses más tarde cayó enfermo y tuvo que renunciar a su posición. La Dra. Ethel Ríos de Betancourt lo substituyo y el Dr. Quintero Alfaro era el ayudante de la decana. Un día ella me llamo a su oficina y me pregunto si yo estaba interesado en irme a estudiar el Doctorado. Yo le conteste que yo prefería enseñar un par de años antes de irme a estudiar.

El Prof. Pedro José Rivera fue nombrado como director del Depto. De Ciencias Física. Yo aparecía en la nómina como Pedro Juan Rivera y mi cheque venía a nombre de Pedro J. Rivera. Los cheques de Pedro José Rivera venían también con el nombre de Pedro J. Rivera. Un día yo abrí el sobre de mi cheque y encontré que me habían subido el sueldo y yo me puse bien contento. Pero al otro día Pedro José Rivera me llamo a su oficina y me dijo que él había recibido mi raquítico cheque en lugar de su jugoso cheque. Entonces me dijo; "Mira mejor es que te ponga como Juan Pedro Rivera y yo sigo siendo Pedro José Rivera". Yo le conteste que para mí eso no era problema siempre y cuando que conservara mi posición como profesor de Ciencias Física. Desde ese día en adelante mi nombre cambio a Juan Pedro Rivera, a pesar que mi certificado de nacimiento dice otra cosa.

A mí me gustaba enseñar el curso de Ciencias Física porque era muy interesante. Además no me podía quejar que a los 22 años ya yo era profesor de la UPR con todos los beneficios y prestigio que envuelve la posición.

Ya yo había comprado mi primer carro como dije antes y mi mama me pidió que ya fuera tiempo de que me comprara una propiedad. Mi hermana, Toña, se había mudado para Country Club y las propiedades en aquel tiempo estaban al alcance de mi bolsillo. Pues un día fui y compre una propiedad en la segunda Extensión de la urbanización Country Club que queda en la jurisdicción de San Juan. Mi casa quedaba cerca de la casa de mi hermana Toña, quien yo quería mucho. Pues Toná fue para mí una persona importante en mi vida. Ella era la que cocinaba en la casa y mi mama de crianza trabajaba de costurera en la tienda de mi primo, es decir, LA RIVERA en el pueblo de Rio Piedras. Fíjense que el pronto pago de la propiedad era $300 y yo pagaba una mensualidad hipotecaria de $63.00. El pago de la casa no hacia mella en mi sueldo mensual. Con el dinero que yo ganaba era suficiente para pagar la casa y el carro y todavía me sobraba dinero para otras necesidades de la vida.

Encima de todo eso la Dra. Ethel Ríos me dio una oportunidad de enseñar los sábados en Extramuros. El Dr. Pedro Laborde me asigno un curso de matemáticas para enseñarlo por las noches. Es decir, que yo tenía tres sueldos y para mi toda esa carga académica se me hacía fácil porque yo estaba en mi plena juventud.

PROTESTA DE LOS ESTUDIANTES EN LA UPR EN LOS 60

En aquel tiempo la UPR era un hervidero de política tanto de extrema derecha como de extrema izquierda. Ocurrieron dos eventos que politizaron a los universitarios y al pueblo de Puerto Rico. Primero tanto Alaska como Hawaii fueron admitidos como estados de la unión americana. Esto quiere decir, que para ser estado de la unión americana, no era necesario que el territorio fuera contiguo a los otros 48 estados, como argumentaban los enemigos de la estadidad para Puerto Rico. Segundo, la Federación de universitaria pro independencia mejor conocida como la FUPI empezó una campaña para abolir la enseñanza del ROTC. El ROTC (Reserve Officers Training Corps) se ofrecía en la UPR en esa época y atraía muchos estudiantes. Este es un programa que se ofrece en miles de colegios de Estados Unidos. Los que entran a este programa tienen los beneficios de que sus gastos en la universidad son pagados por los E.U.

Al completar los 4 años de estudios en la carrera que escoja el estudiante, el cadete además de obtener su grado académico, obtiene también el grado de oficial en el ejército de los E.U. Uno de los requisitos es que después de la graduación, el cadete está obligado a servir 4 años en el ejército de los E.U. Esto necesita un poco de explicación.

Los estudiantes varones tenían dos opciones en aquel tiempo. Uno, tomar dos años de ejercicios militares (básicamente era marchar y estudiar lo básico del servicio militar) sin tener que entrar en el programa de cadetes. En realidad era como si estuvieran obligando a uno tomar el programa de ROTC. Dos, a los estudiantes que por razones médicas no pudieran aguantar sol o marchar entonces tenían la opción de tomar dos años de atletismo. Cuando yo era estudiante, opte por coger atletismo. Estuve dos años cogiendo cursos de atletismo y participe como atleta en las famosas JUSTAS INTERCOLEGIALES. Eugenio Guerra era mi maestro de atletismo y su ayudante el Prof. Fuster era mi otro maestro. Como yo pesaba como 110 libras era muy bueno corriendo los 100 metros y los 400 metros, con o sin vallas. Me decían el "termómetro que corre."

Pero ya siendo profesor tenía que decidirme en defender la estadidad o la independencia. Unos amigos me convencieron que los ayudara organizar lo que luego se conoció como la AUPE. Asociación Universitaria Pro Estudiad. Yo fui miembro fundador de esa colectividad y me envolví en la política. En esa gestión pude conocer los líderes del partido republicano de Puerto Rico que eran; Don Luis A. Ferre, Don Miguel Ángel García Méndez y Don Ramiro Colon. Recuerdo trabajar mano a mano con estudiantes de la época como; Georgie Navarro, padre, Edison Misla Aldarondo, Gilberto Cruz, y muchos otros que no recuerdo.

Más tarde fui elegido Presidente de la Juventud Estadista del Partido Republicano de Rio Piedras. Yo organice la juventud estadista de la ciudad de Rio Piedras. Ya estaba codeándome con los líderes de aquel tiempo, como, Miguel Ángel García Méndez, Luis A. Ferre, y Ramiro Colon. Pero parece que alguien fue y le soplo a mi supervisor de la UPR que yo estaba en el bando estadista. El decano me llamo y me dijo que me iba a enviar a estudiar la maestría. Me ofrecieron una licencia sin sueldo con ayuda económica. Básicamente esto quiere decir que la UPR me pagaba todos los gastos de estudios; es decir, matricula, libros, hospedaje, comida y los pasajes de avión. Yo no titubee, simplemente les dije que sí. Ya yo había sido admitido a dos universidades. New York University y Columbia University. Después de estudiar los pros y los contras me decidí ir a estudiar a Columbia University.

Renuncie a la presidencia de la juventud estadista de Rio Piedras y apoye a Edison Misla Aldarondo para que se quedara como presidente de la juventud estadista. Tanto George Navarro, padre y Edison Misla Aldarondo eran muy amigos míos y yo les dije que para mí era más importante la academia que la política de esa época. Ellos me dijeron que comprendían pero que tenía siempre las puertas abiertas para regresar a la política con ellos. En el verano del 1963 partí para Nueva York para empezar mis estudios.

MI MAESTRIA EN CIENCIAS EN LA UNIVERSIDAD DE COLUMBIA

El cambio de vivir en Puerto Rico para vivir en Nueva York fue muy difícil para mí. Era la primera vez que vivía solo. La primera vez en comer comidas distintas a la boricua. El calor y el frio eran peores que Puerto Rico. Yo empecé a estudiar la física de la electrónica. En ese tiempo toda la electrónica estaba basada en tubos de radio, resistencias, condensadores e inductores. En ese verano tome un curso de laboratorio en Electrónica porque era uno de los requisitos de la maestría en Física en aquella época. Mi primer roce con una luminaria en Física fue la Profesora Lucy Hayner. Aquella señora de unos 50 y picos de años tenía una base sólida en cuestiones de laboratorios de Física. Ella enseñaba todos los laboratorios de Física y era una persona muy organizada. En cambio yo era un muchachito bien joven de 25 años de edad. Y como dicen en los campos de Puerto Rico, "yo todavía tenía la mancha de plátano en las manos." Para mí fue fácil aprender toda esa tecnología. También aprendí a leer dibujos esquemáticos y los símbolos electrónicos. El campo de la electrónica siempre ha sido uno de mis pasatiempos. Tuve mucho éxito en ese curso y lo aprobé con A. El próximo paso era matricularme para los cursos que comenzarían en agosto del 1963.

Días después amanecí con un dolor de dientes y por no poner atención se me hincho la cara. Me llevaron a la sala de emergencia del Lincoln Hospital y me dijeron que tenía una infección dental y tenían que sacarme los dos dientes del frente de la mandíbula superior. Accedí a la operación. La anestesia que usaban era "Laughing gas." Me sacaron los dos dientes y cuando desperté fue a carcajada limpia. Me estuve riendo como 30 minutos y cuando me mire al espejo vi que había perdido los dos dientes del frente, entonces me dio gana de llorar. Debido a ese contratiempo no pude matricularme a tiempo para el siguiente semestre. Me comunique con mi decano, el Dr. Daniel Curet y me dijo que lo mejor era regresar a Puerto Rico. Ya ellos habían hecho los arreglos para que en lugar de regresar a la facultad de Estudios Generales, yo iba a regresar a la UPR pero como profesor de Física de la facultad de Ciencias Naturales. Sinceramente eso eran mis deseos. Yo le dije al Dr. Facundo Bueso que yo me alegraba de formar parte de la facultad de Física porque allí yo podía enseñar Física en lugar de Ciencias Física. Para los que no lo sepan enseñar Física es más difícil que enseñar Ciencias Física, porque requiere una mejor preparación matemática. Para mí eso no era problema porque yo dominaba a perfección todas las ramas de la matemática.

PROFESOR DE FISICA EN LA UPR

Sinceramente mi alejamiento de la política era simplemente en la superficie porque los muchachos de la AUPE me necesitaban. Yo accedí a quedarme como consultor en materia política pero les dije a mis compañeros políticos que mi vocación era enseñar Física y Matemáticas. Ya yo me había convencido que para ser buen político hay que hacer cosas que yo no quería hacer. Lo peor que le puede pasar a una persona es tener enemigos políticos. Por lo tanto, me dedique a la academia y me fui alejando del líder político que yo fui en un tiempo. Ya yo había estudiado el trasfondo histórico político de Puerto Rico y empecé a perder interés debido a que estaba convencido que la solución del status político era en aquellos momentos fútil y quizás lo seguirá siendo por un buen tiempo.

En la facultad de Física yo estaba a cargo de enseñar Física 101-102 y sus respectivos laboratorios. También seguí enseñando Ciencias Física en la división de Extramuros y Matemáticas por la noche. Es decir, tenía de nuevo tres sueldos. Ya yo me había recuperado del problema dental y tenía una dentadura postiza y una nueva sonrisa. Esto me ayudó mucho en el campo del amor. En esa época tuve muchas novias y también me mantenía bastante ocupado en lo académico.

Un día sucedió algo catastrófico. El Dr. Facundo Bueso y el Prof. Kiko Pesquera salieron en un bote a pescar. El bote estaba bastante lejos de la orilla. Dicen que el Dr. Bueso estaba nadando bajo el agua y cuando subió a la superficie la hélice del bote le partió el cráneo y el Dr. Bueso murió instantáneamente. La Universidad se vistió de luto por varias semanas. Para mí fue un golpe muy fuerte porque sus hijos eran mis amigos. Tanto Gugo Bueso, quien fue mi compañero de clases, como Héctor Bueso quien lo había conocido en las fiestas que daba el Dr. Bueso, estaban desbastados. Además de ser mi jefe el Dr. Facundo Bueso fue mi profesor de Física.

Don Jaime Benítez le cambio el nombre al colegio de ciencias naturales y después de ese suceso el colegio se conoce como el Colegio Facundo Bueso. A la vez, Don Jaime Benítez hizo una serie de cambios administrativos. Después de unos meses llego de nuevo la normalidad en el ambiente docente y estudiantil. Lo que me gustaba de la administración de Don Jaime era el concepto de que la UPR era una casa de estudios con una fuerte autonomía. El puntal más fuerte de ese concepto era que el gobernador de Puerto Rico no tenía injerencia en los asuntos de la universidad. Don Jaime estaba al timón y llevaba la nave hacia las metas que su administración perseguía. En mi opinión, el pueblo de Puerto Rico tiene una deuda bien grande con Don Jaime debido a que bajo su administración la UPR se elevó a un nivel académico increíble. La mejora de la planta física y el profesorado era la piedra angular de su administración. Claro nada en la vida es perfecto. Yo entiendo claramente que había ciertas fallas que merecían mayor atención.

Un buen día, el decano me llamo a su oficina y me pregunto si yo quería volver a Columbia University, yo no perdí el tiempo y le conteste que sí. Entonces en el verano del 1964 volví de nuevo a volar a nueva York para continuar mis estudios hacia el doctorado en física. Esta vez yo iba mejor preparado emocionalmente y con más madurez. Ya yo sabía lo que me esperaba. Anteriormente yo vivía dentro de la universidad. Esta vez decidí alquilar un apartamento de un solo cuarto en un lugar bastante pintoresco. Tuve la suerte de encontrar un apartamento que solo pagaba $75 mensuales y quedaba cerca de Riverside Drive y la 96. Es decir, que desde mi apartamento yo podía ver el rio Hudson y a Nueva Jersey. El tren subterráneo quedaba a un bloque. El sitio se consideraba exclusivo. El apartamentito estaba recién pintado y tenía cocina, nevera, calefacción, etc., etc. Aunque era pequeño realmente cumplía con todos mis requisitos. Yo hacía mis propias comidas y todo me quedaba cerca. Fue entonces que decidí a trabajar con todas mis fuerzas en la carrera hacia el doctorado. Durante los próximos meses pasaron varias cosas importantes en mi vida que debo de señalar.

A mí siempre me ha llamado la atención tanto el beisbol como el boxeo. Todos los fines de semana yo me iba a despejar la mente. Iba a ver los juegos de pelota tanto a los Yankees de Nueva York como a los Dodgers de Brooklyn. Me gustaba ver los estadios de beisbol de ese tiempo porque me recordaba a los famosos peloteros que jugaron allí tales como; Babe Ruth, Ted Williams, Joe Dimmagio y otros famosos peloteros. Además los New York Yankee siempre han sido un equipo temible y los mejores peloteros jugaron y juegan en ese equipo. Como yo sabía de electrónica un dia alguien voto un televisor en la basura y yo lo recogí y me lo lleve a mi apartamento. En dos semanas ya yo estaba viendo televisión en blanco y negro con mi nueva adquisición. El único problema era que el televisor no tenía mueble. Es decir, tenía todo menos el mueble, pero como yo vivía solo eso a mí no me molestaba. El televisor era de tubos y todo el calor que generaban los tubos se disipaba rápidamente y además me daba calefacción en el invierno.

Otras veces iba a ver el boxeo en el "Madison Square Garden" cuando venían boxeadores de categoría. De lo contrario lo veía por televisión. Ir al Madison Suaré Garden es una buena experiencia. Es como entrar a un sitio sagrado. El ambiente y las cosas que uno ve valen el dinero que uno paga.

Otras veces iba al centro de la ciudad, lo que llama "downtown" cerca de la famosa calle 42. Ahí uno veía en las barras y clubes nocturnos a las mejores orquesta de jazz. Había siempre una sección donde uno se podía sentar y beberse una cerveza o cualquier licor y tener la oportunidad de ver a Stan Kenton, Dizzy Gillespie, Billy May, Gene Kruppa, Louis Armstrong y otros grandes del jazz.

A veces me iba a ver las grandes orquestas latinas tales como; Arsenio Rodríguez, Tito Puente, Tito Rodríguez, Machito, Pérez Prado, Javier Cugat, y otros. Nueva York siempre ha sido la capital de la música tanto latina como la norteamericana. Allí están localizadas las oficinas de los estudios de grabación de los más famosos sellos disqueros tales como; RCA, COLUMBIA, DECCA, y muchos otros. Por esa razón, ahí viajan las mejores orquestas y artistas para grabar y a la vez hacer presentaciones en vivo. Lo mejor de todo que estaba viviendo en Nueva York a principios de la década del 60, que fue la mejor época para la música de todos los géneros.

Mi mayor sorpresa fue que un día iba caminando y vi un letrero bien grande frente a un teatro que decía; ELVIS PRESLEY IN PERSON. Bueno, no lo pensé dos veces, enseguida fui y compre un ticket para ver a Elvis Presley y su show de estrellas en vivo. Ya yo había oído el Rock n' Roll en discos, pero no es lo mismo verlo en vivo y ver la actuación de los músicos y cantantes y la algarabía que forman las chicas.

Otro día por poco pierdo la cabeza cuando vi un letrero bien grande que decía THE BEATTLES LIVE. Ya yo había oído la música de ellos pero verlos en persona era imprescindible. Este grupo de chicos británicos rompieron todos los records de taquilla y fueron la mayor sensación en la música de Rock n' Roll en el mundo entero. Ya no se oía mucho el mambo. Lo que se oía era la música del Rock n' Roll. Y yo tuve la fortuna de estar viviendo en Nueva York en esa época que hizo historia en la música mundial.

Un día fui a visitar a mi tío Matías que era cocinero en el prestigioso hotel "Waldorf Astoria" de Nueva York. Mientras hablaba con mi tío en la cocina me llamo la atención un sonido que venía de afuera. Entonces le pregunte a mi tío que era ese alboroto. Mi tío me dijo que la orquesta de Dámaso Pérez Prado estaba ensayando en un cuarto que quedaba al otro lado de la cocina. Yo me quede petrificado. Pueden ustedes imaginarse la emoción que me dio de poder ver y oír de nuevo a la orquesta de Dámaso Pérez Prado. Debo decir que la orquesta ya yo la había visto en persona en Puerto Rico. En el 1955 la orquesta hizo varias presentaciones en la isla. Una de ellas era en el teatro Matienzo de Santurce, Puerto Rico. Luego en el 1957 la orquesta volvió a la isla y yo la vi en otro en otro que se llamaba "Paramount" también en Santurce, Puerto

Rico. Ahora iba a tener la oportunidad de ver los ensayos. Cuando tuve la oportunidad fui y hable un rato con el maestro y no sabiendo que decir le pregunte ¿Cuál era el secreto del sonido único de su orquesta? El me contesto que su fórmula era llevar al pentagrama nuevos sonidos que el escuchaba en la naturaleza. Ejemplo; el cantar de un pájaro, el sonido del agua cuando cae a una superficie, en fin todos los sonidos de la naturaleza. También me dijo que en su orquesta solo podían tocar los mejores músicos. Su orquesta era las naciones unidas, había gringos, mexicanos, cubanos, puertorriqueños, etc., etc. Ese encuentro con el maestro nunca se me borro de mi mente.

Pero a pesar de toda esa pléyade de artistas yo seguía enfocado en mis estudios. El mayor problema que hubo en esa época fue la guerra de Vietnam. En la universidad había protesta todos los días alrededor de las doce. Los estudiantes se arremolinaban en el centro de la universidad a quemar los "draft cards." Como yo soy un buen observador yo veía que miembros del FBI estaban tomando fotos y películas. Yo no quise envolverme en las protestas porque mi misión era estudiar. Los puertorriqueños somos ciudadano americanos y una de nuestras obligaciones es rendir cuatro años en el servicio militar. En aquel tiempo el servicio militar era obligatorio desde los 18 años de edad hasta los 35 años de edad. La Junta de Servicio Selectivo se encargaba de hacer cumplir la ley. Si alguien violaba la ley entonces el caso pasaba a la jurisdicción del FBI. Yo estaba clasificado en 1A que son los primeros que van a la guerra. Por lo tanto fui al SELECTIVE SERVICE BOARD, es decir, a la Junta de Servicio Selectivo para cambiar mi clasificación y me eximieran del servicio selectivo por ser estudiante. No era necesario pararse en público para quemar tarjetas, a menos que uno quisiera protestar públicamente.

MI PRIMER Y UNICO MATRIMONIO

En el verano del 1965 regrese a Puerto Rico para enseñar un curso de verano en la UPR. Previo a ese viaje yo había tenido unas comunicaciones por correspondencia con una chica de nombre Nora que vivía en la jurisdicción del pueblo de Naranjito. Mis hermanos me habían hablado de Nora pero yo solo la había visto por fotografía. Yo también le había enviado una fotografía de mi persona. En esa forma tanto ella como yo teníamos una idea de nuestras caras y facciones.

Después que llegue a Puerto Rico hice los contactos de rigor con la UPR. Mi decano me había asignado un curso de Física General con un laboratorio. Ya ese curso yo lo había enseñado muchas veces. Luego envié un aviso a Nora de que yo iba a conocerla el próximo sábado. Ya ella me había dicho que su padre se había divorciado de su mama y vivía en un campo de Naranjito junto a su nueva esposa y las dos hijas. La mama de Nora vivía en Rio Grande y se había casado con otro señor.

El sábado que iba ir paso un incidente en la UPR y no pude ir ni tampoco me dio tiempo de enviar aviso. En ese tiempo no era costumbre usar teléfono en el campo. Solo los comerciantes tenían teléfono en sus negocios. Me dio mucha pena porque a lo mejor ella y su familia iban a pensar mal de mí. Por aquello de cumplir con mi palabra el próximo sábado le pedí a mi amigo Gilberto Cruz que me acompañara a mi viaje al campo donde vivía Nora. Gilberto y yo fuimos a conocer a la muchacha y a su padre y el resto de la familia alrededor. Me trataron con mucho respeto y tuvimos la oportunidad, tanto ella como yo, de vernos por primera vez en cuerpo y alma.

Estuve haciendo el viaje de Rio Piedras a Naranjito por varias semanas. Además tuve la oportunidad de conocer a su madre que vivía en las afueras del pueblo de Rio Grande. Estuve varias veces en el área de Rio Grande conociendo a los familiares de Nora. A pesar que eran gentes humildes, me alegro mucho poder intercambiar palabras con ellos. Toda la familia de Rio Grande me aceptó con mucha alegría.

Yo me tenía que regresar a Nueva York y se lo dije a la muchacha que ya habíamos formalizado una relación pero sin todavía darle la sortija de compromiso. El padre de ella me dijo que yo tenía dos caminos. O me casaba o no volvía a ver a su hija. Ese ultimátum fue muy rudo para mí. Yo fui a conversar con mi familia para ver cuál era la opinión de ellos. Mi cuñado quien era un comerciante con mucho dinero me dijo que él se encargaba de pagar todos los gastos de la boda incluyendo la estadía en un hotel de Barranquitas y un nuevo hotel que se había construido en Fajardo que se llamaba El Conquistador. El próximo sábado yo hable con el padre de mi nueva novia y le dije que la boda tenía que ser antes de septiembre porque yo tenía que regresar a Nueva York a proseguir mis estudios. La boda se efectuó el 28 de agosto del 1965.

A esa boda fueron mucha gente. No tan solo los familiares de la novia sino mis familiares que eran muchos. Para colmo en ese fin de semana pasaba por la isla de Puerto Rico un huracán. Si mal no recuerdo, hasta la luz eléctrica se apago durante la boda. Pero a pesar de todos los inconvenientes yo diría que todo el que asistió a esa boda gozo mucho. Hubo baile, comida, bebida y la amenaza del huracán.

Una semana después ya yo estaba en Nueva York con mi nueva esposa. Esto parece un cuento de hadas. Ese matrimonio se efectuó con la celeridad de un rayo. Yo no tuve tiempo ni de despedirme, como yo lo solía hacer, de mi mama. Yo se que ella nunca espero que yo me casara tan rápido. Mi mama guardaba un álbum de fotografías de todas mis novias pero en ese álbum no estaba Nora. Yo se que para ella no existía una mujer que fuera mi futura esposa. Pero esto es bastante común en la cultura de nuestros países.

El nombre completo de mi esposa es Nora Morales Mercado y de ese matrimonio procreamos 3 hijos. El primero,

Juan Carlos nació el 21 de febrero del 1967, el segundo, Ricardo nació el 13 de mayo del 1969 y el tercero que le llamamos "el bebe", pero su verdadero nombre es Eduardo Gabriel, nació el 7 de julio del 1987. Es decir 20 años más tarde que Ricardo. Cuando nació Eduardo yo tenía 50 años y mi mayor preocupación era vivir para verlo graduarse aunque fuera de octavo grado. Pero fíjese, no tan solo lo vi graduar de octavo grado, sino de Cuarto Año de escuela superior, de Bachillerato de una universidad conocida como "De Paul University" en Chicago y luego lo vi graduarse de su Maestría de "Northwestern University" también en Chicago.

Ricardo tiene un Bachillerato en Ciencias de "University of Central Florida" en Orlando, Florida y Juan Carlos tiene también un Bachillerato en Ciencias de "Florida International University" en Miami, Florida. Mis tres hijos hoy día son profesionales y posiblemente ganan más dinero que lo que yo ganaba cuando trabajaba. Pero yo me sacrifique para que ellos pudieran tener un grado académico de una universidad reconocida y acreditada. Gracias a Dios que los tres obtuvieron sus grados académicos y que Dios me dio la salud para asistir a todas esas graduaciones.

LA GUERRA DE VIETNAM

El conflicto de Vietnam afecto la trayectoria de mi vida. Para beneficio de los que no están enterados y para que comprendan mejor la situación de muchos jóvenes que como yo fueron afectados por este conflicto, es bueno hacer un breve resumen de lo que ocurrió allí.

Vietnam era una colonia francesa hasta mediados del 1950, Alrededor del 1954 Francia decidió darle la independencia a Vietnam. El tratado se firmó en Ginebra en el 1954 para darle la independencia a Vietnam, Laos, y Camboya. Pero en el caso de Vietnam había como si fueran dos repúblicas que se conocían como Vietnam del Norte y Vietnam del Sur. El plan era unificar el norte con el sur por medio de unas elecciones que se celebrarían en el 1958. La capital de Vietnam del Sur era Saigón y la capital del norte era Hanói.

La unificación del país no se logró debido a un golpe de estado encabezado por Ngo Dinh Diem. Este señor se negó a celebrar las elecciones, negando de paso cualquier posibilidad de unificación con Vietnam del norte. "Ho Chi Mihn" reunió a un grupo guerrilleros para atacar y derrocar a Ngo Dinh Diem. Pero existía mucha corrupción en el gobierno de Ngo Dinh Diem y esto origino el nacimiento de varios grupos guerrilleros con tendencias socialistas. El más famoso fue el Frente de liberación nacional mejor conocido como El Vietcong que estaba al mando de "Ho Chi Mihn." Debido a la inhabilidad del líder corrupto de Vietnam del Sur, el presidente de los E.U., Eisenhower dicen que decide usar los servicios de la CIA (Central Intelligence Agency) para derrocar a Ngo Dinh Diem y poner un líder que los norteamericanos pudieran manipular. La consecuencia lógica fue que se dividió aún más el país. Ngo Dinh Diem muere en el 1963 a causa de un golpe de estado, que se alega, fue patrocinado por el gobierno de los E.U. bajo el liderato de la CIA. Dicen que los norteamericanos nombraron a una marioneta de nombre Nguyen Van Thieu.

Los norteamericanos por primera vez se ven enfrentado con un enemigo que no tiene uniforme ni usa armas de guerra convencionales. Un enemigo que por el día trabaja en las bases militares de los E.U. y por las noches ataca las tropas norteamericanas con estrategias de comandos guerrilleros. Ni los soldados, ni los aviones, ni los helicópteros eran eficientes en ese nuevo tipo de guerra.

Vietnam del Sur se ve en un caos debido a la falta de experiencia de su ineficiente líder. El presidente de los E. U. envía un grupo de la marina para que ayude a Nguyen a reforzar sus soldados debido a que la amenaza del Vietcong cada día es más fuerte. Los gobiernos comunistas de China bajo el liderato de Mao Tse Tung, el de Rusia bajo el liderato de Josef Stalin envían refuerzos para ayudar el Vietcong. El presidente de los E.U Eisenhower, envía más tropas para tratar de detener el avance del Vietcong. Ya para principios del 1960 la guerra sigue escalándose. El presidente Kennedy de los E.U, sigue enviando tropas y lo mismo hacen los líderes comunistas. Ya para mediados del 1964 había muertos miles de soldados de ambos bandos y el Vietcong seguía su avanzada hacia el Sur. El presidente Lyndon B. Johnson sigue escalando la guerra que irónicamente se le llamaba El Conflicto de Vietnam. Estados Unidos estaba perdiendo la guerra y el prestigio de ser una potencia mundial. Cuando menos se lo esperaban ya el Vietcong estaba en las afueras de Saigón. Estado Unidos, bajo el liderato del presidente Richard Nixon, no le quedó más remedio que destruir su propio equipo bélico para que no cayera en manos de los comunistas y tuvieron que salir corriendo de Saigón y entregarles el territorio de Vietnam del Sur a los comunistas. Dicen que esta es la primera guerra que pierde los Estados Unidos. Irónicamente 20 años más tarde se repite la misma historia, esta vez entre George Bush y su hijo e Irak, Afganistán, etc., etc. Más o menos lo mismo ocurrió entre Korea del Norte y Korea del Sur. Pero solo el caso de Vietnam fue el que me afecto a mí.

En el 1965 los E.U. estaba desenvolviendo una serie de conflictos tanto en lo domestico como en el exterior.

Necesitaban más soldados para enviar al frente de batalla. Un día me llego una carta para que me reportara inmediatamente a X sitio para que comenzara el proceso de enlistarme en el ejército de E.U. como soldado raso. No tuve más remedio que ir inmediatamente y presentarme a la Junta de Servicio Selectivo para apelar la decisión. A la misma vez llame a mi decano en Puerto Rico y le dije que tenía que suspender mis estudios doctorales porque tenía que ir a Vietnam. El decano me dijo que los profesores estaban exentos de ir a ese conflicto y que por lo tanto presentara una carta de la UPR que me requerían que regresara a la isla para continuar con mis labores docentes. Después de presentar toda la documentación necesaria, la Junta de Servicio Selectivo me exime del servicio militar pero con la condición que tenía que reportarme todos los años ante la junta para ver si me extendían la exención o si me reclutaban en el ejército. En mayo del 1966 ya yo había terminado todos los requisitos para la Maestría en Ciencias, y por lo tanto podía regresar a la isla para continuar enseñando en la UPR.

COMO GANAR DINERO EXTRA

En agosto del 1966 me reintegro a mi cátedra en la UPR como profesor de Física en el colegio Facundo Bueso. Me dieron una oficina que la compartía con el Prof. Félix Pereira quien era ya una persona del doble de mi edad pero que me trataba con mucho respeto y de igual a igual. De hecho, yo tenía mejor preparación académica que el. Mis credenciales académicas eran completamente sólidas y eso él lo sabía. Claro, como él me doblaba la edad, no hay dudas que él tenía más experiencia que yo bregando con estudiantes. Por lo tanto, el Prof. Pereira era mi mentor en asuntos estudiantes. Aprendí a bregar con toda clase de problemas estudiantiles. Me hice un experto como conferenciante y desarrolle una afinidad con los estudiantes de tal suerte que donde quiera que yo fuera los estudiantes me buscaban. Yo nunca me negué a contestar cualquier tipo de pregunta en materia de Física y Matemáticas. Yo me envolví en cuestiones de tutoría. Los estudiantes me querían pagar pero yo no aceptaba dinero ni ningún tipo de recompensa que pudiera manchar mi moral académica. Por ejemplo un día una chica estaba conmigo en mi oficina y me pregunto qué nota ella tenía en la clase. Mi contestación fue que ella estaba fracasada en la clase y yo recomendaba que se diera de baja. Entonces ella me disparo con una bola de fuego y me pregunto ¿Qué yo puedo hacer por usted para sacar A en la clase? Claro, la chica era bien bonita y tenía un cuerpo de artista de Hollywood. Encima de eso estábamos solo y yo lo único que tenía que hacer era cerrar la puerta de mi oficina. Miles de cosas pasaron por mi mente. Ella seguía mirándome y esperando una respuesta. Y yo le dije lo siguiente: "Señorita, yo soy un hombre casado. Mi esposa es más bonita que usted y me da a mi todo lo que yo necesito como hombre. Yo no puedo corromperme y violar las reglas académicas y las que me impone la sociedad." Ella se echó a llorar y se fue. Yo tuve que regresar a mi casa y emborracharme.

Debo confesar que en aquel tiempo, hoy y en el futuro esas situaciones ocurren en todas las escuelas y universidades de todos los países. De hecho, en aquel tiempo yo conocía a varios profesores universitarios que tenían relaciones sexuales con estudiantes. Yo le aconsejo a cualquier profesor que tenga moral y vergüenza, que no puede corromperse y violar a una mujer impunemente. Porque todos llegamos a este mundo por medio de una mujer y yo siempre he creído que hay que respetar si uno quiere que lo respeten.

Se me olvido decirles que cuando yo vivía en Nueva York además de afrontar los problemas con el clima y el corre-corre con mis estudios, tuve que lidiar con otros problemas caseros. Una vez alguien rompió una ventana de mi apartamento y me robaron el televisor y otros aparatos electrónicos. Como el apartamento no era mío yo diseñe una alarma contra robos para proteger las puertas de entrada y las ventanas. Al terminar la instalación de la alarma entonces mis amistades le gusto mi idea y me pidieron que instalara una alarma al apartamento de ellos. Fue entonces que se me vino la idea de patentar mi alarma contra robos. No tuve que ir a Washington para hacer la papelería requerida porque la biblioteca pública de Nueva York tenía una sección de patentas y ellos me ayudaron a conseguir la patenta. De esta manera yo estaba protegiendo mi idea con el famoso "copyright law".

Meses más tarde alguien le robo el radio del carro de mi vecino. El me pregunto si yo podía ponerle una alarma al carro. Yo le conteste que iba a estudiar la situación. Varias semanas después me invente una alarma contra robo para proteger cualquier automóvil. Esa idea también la patente. Instale dos o tres alarmas a vecinos y amistades pero nunca pensé en el potencial comercial.

La fama me siguió a Puerto Rico y las amistades empezaron a pedirme instalación de alarmas en los autos y las casas. Entonces fue que establecí una compañía de alarmas contra robo para proteger cualquier propiedad. Como yo era profesor de la UPR yo no podía tirarme a la calle a vender la alarma a las víctimas de robo que cada día iba en aumento. Mi hermano Pepito, y mi esposa me ayudaron a correr el negocio. Después según iba creciendo el negocio yo iba reclutando a más empleados. Yo entrene a mis empleados de cómo hacer el trabajo de cada cual. Yo entonces me vi obligado a envolverme en el negocio poniendo en riesgo mi status de profesor universitario. Yo entrene a los instaladores de alarma pero nunca les dije como trabaja el cerebro de una alarma. Eso era un secreto y yo era el único que trabajaba en la instalación del cerebro de la alarma. Mi compañía se llamaba ALARMAS ALERTA. Mi competidor era la ADT (Alarm District Telegraph) que era y es una de las más grandes compañías en el campo de seguridad. Mis alarmas estaban instaladas en; joyerías, bancos, farmacias, casas de gente rica, toda clase de tiendas al detal. En fin el negocio creció tanto que ya yo no podía dar abasto. Mi compañía cubría toda la isla de Puerto Rico, y ya era mucho trabajo para mí.

Compre varias casas, una finca de 3 cuerdas en Junco, tenía ahorros en el banco y tenía carros último modelo. Pero toda esa riqueza era mucho para mí. Todo en la vida tiene un lado positivo y un lado negativo. En mi caso el lado negativo era no tener tiempo para dedicarlo a mi esposa y mi familia. Con el dinero también vienen los vicios. Aunque yo nunca he fumado, pero ya yo me estaba convirtiendo en un alcohólico. Porque además de las alarmas yo había aprendido hacer vino a gran escala. También aprendí hacer ron. Pero nunca me metí en negocios de bebida alcohólicas. Quiere decir que del año 1966 al 1969 yo había hecho un imperio en el negocio de las alarmas. En el lado positivo el negocio de las alarmas me puso en contacto con la gente más rica e influyente del Puerto Rico de esa época. Mis clientes juraban que yo era cubano. De hecho, la mayoría de mis clientes eran de negocios cubanos. La mayoría de los cubanos que llegaron a Puerto Rico entre el 1960 al 1970 eran gentes que tenían negocios en Cuba. De hecho, el dueño de la CMQ, sus locutores, sus artistas se habían establecido en Puerto Rico. El señor Mestre, quien era dueño de la CMQ en cuba se hizo mi amigo. El controlaba el canal de WAPA TV. Ahí conocí a muchos artistas de novelas y de música. La lista es larga pero yo conocía a los integrantes de; Los Guaracheros de Oriente, La Tremenda Corte, El show de Olga y Tony, Benny More, Pérez Prado, La Sonora Matancera, Gaby Fofo y Miliki, Armando Roblan y muchos más. Conocí a una estela de comerciantes, médicos, joyeros, etc., etc.

Un día Tito Rodríguez me llamo y me pregunto si yo podía instalarle una alarma a una casa que él estaba construyendo en Santurce. La casa era en forma de pagoda porque Toby, la esposa de Tito era japonesa. Bueno yo fui el que instale con mis propias manos el sistema de seguridad de esa casa. Era el mismo sistema de seguridad que yo instalaba en los bancos. Eso fue un éxito. De ahí se rego la voz dentro de la farándula y yo tuve que instalar alarmas en las propiedades de grandes artistas como; El Cotorrito de Johnny Rodríguez, la Asociación de Artistas de Puerto Rico que tenían una propiedad en Santurce y Lito Pena, y Sammy Vélez eran los jefes allí. En esa propiedad conocí a; Damiron, el negrito Chapusaux, Sylvia de Grasse, Cesar Concepción, Rafael Cortijo, Ismael Rivera, Mario Hernández, Felipe Rodríguez y muchos más. A mí me gustaba ir a esa propiedad porque desde que entraba hasta que salía era riéndome de los cuentos y payasadas de los artistas. La gente conoce a los artistas en los escenarios, pero cuando uno está con ellos son personas distintas, gente de carne y hueso que Dios le dio un don que ellos saben sacarle provecho.

Tito Rodríguez también me pidió que fuera su ingeniero de audio cuando iban hacer presentaciones. Bueno eso lo hice como un favor porque en realidad a mí no me gustaba estar en un sitio esperando que algo se rompiera para entonces yo entrar en acción. Un día Tito me dijo que tenía un show en Nueva York y yo le dije que yo no podía ausentarme de Puerto Rico ni por un día. Fue entonces que yo empecé a retirarme del ambiente farandulero porque además de las malas noches también estaba el problema de las drogas el problema de la sexualidad. Habían artistas que eran homosexuales, lesbianas, drogadictos, etc., etc. Ese ambiente no me gustaba y decidí que era mejor alegarme de ese grupo y no caer víctima de los vicios.

NUEVAS PROTESTAS ESTUDIANTILES PARALIZAN LA UPR

En el 1968 la Universidad de Puerto Rico era un hervidero político debido a la politización de los dos grupos en pro y en contra del ROTC en el campus. En aquella época el rector era el Licenciado Abraham Díaz Gonzales y bajo se administración las protestas estudiantiles iban incrementándose. Entre los años 1967 al 1969 yo recuerdo una serie de confrontaciones entre los cadetes del ROTC, la FUPI y la AUPE. En Rio Piedras varios estudiantes fueron heridos, se suspendió el desfile de los cadetes de la ROTC. Hubo una serie de peleas entre los anexionistas, los independentistas, la policía, la ROTC, y eso culmino en que las clases fueron suspendidas por algunas semanas. Mataron a una estudiante, a un taxista, varios fueron heridos de balas, encontraron una bomba en la torre de la UPR, otra en el edificio del ROTC. Yo tenía discípulos que estaban en los dos bandos y ellos me aconsejaron que no diera clases en la semana que iban a ocurrir las protestas porque ellos me decían que la policía estaba armada hasta los dientes y ellos tenían información fidedigna que se estaba planeando invadir los edificios de la UPR en buscas de independentistas y fupistas. Yo fui a mi decano y él me dijo que hasta que el Rector diera la última palabra era mi obligación dar clase. Bueno, yo no tuve que dar clase porque las puertas del salón estaban cerradas no sé por quién. Todos estos incidentes me convencieron que lo mejor era salir del país hasta que esto se resolviera. Para esa misma época, había otras universidades dentro y fuera de Puerto Rico con la misma situación. La guerra de Vietnam había encendido la discordia en contra de Estados Unidos y de sus presidentes. Las protestas estudiantiles eran la orden del día.

Mientras todo esto estaba ocurriendo yo todavía era profesor de la UPR y también estaba envuelto en toda cuestión que exigiera mi posición. Ninguno de mis compañeros profesores sabía que yo vivía una doble vida. Yo cumplía con todo lo que estuviera relacionado con las labores docentes. Un día el Prof. Juan Luis Brusi, quien era maestro de la facultad de Humanidades me invito a que fuera con él a un viaje de estudios a México. El me explico que la UPR me pagaba todos los gastos, lo único que yo tenía que hacer era servir como unos de los chaperones del grupo. El grupo consistía de 30 estudiantes y se necesitaba un profesor por cada 10 estudiantes. Él era el jefe de todo el grupo y necesitaba otro profesor que fuera joven. Yo tenía todas la cualificaciones entonces después de consultar con mi esposa yo le dije al Prof. Brusi que contara conmigo. Como parte de los requisitos yo tenía que atender unas conferencias un día por semana por 6 semanas para estudiar la cultura mexicana antes de emprender en el viaje. Yo tuve que echar a un lado el negocio de las alarmas y estudiar la historia de México, desde que Herman Cortez y su tripulación salió de Cuba para conquistar a México, hasta principios la revolución mexicana del 1910. Usamos un libro que se llama HISTORIA DE LA VERDADERA CONQUISTA DE MEXICO. Este es un libro bastante grande que yo recomiendo a ustedes que lo busquen y lo estudie. Bueno yo estudie junto con el todo el grupo lo que había ocurrido con la conquista de México por los colonizadores de España.

Salimos el grupo de estudiantes y profesores para México para estudiar la cultura de los habitantes de México. Cuando arribamos a México muchos estudiantes les cayó la venganza de Moctezuma. La mayoría de los estudiantes estaban sufriendo de diarrea. Por suerte los miembros de la facultad no tuvimos esos problemas. Yo bebía agua ya embotelladas o cuando podía bebía cerveza con la comida. Para los extranjeros que llegan a México, tienen que acostumbrarse a nuevas comidas y un nuevo método de vida. Para mí era como volver al Puerto Rico que yo conocí en mi niñez. En ese tiempo solo los mejores hoteles tenían baños con agua caliente y fría. Cuartos con aire acondicionados era una rareza. Cuando íbamos al interior de la república, lo que había eran abanicos en los cuartos. Las letrinas usualmente estaban detrás del hotel o un baño comunitario para varia personas. Uno para los hombre y otro para las mujeres. No había neveras ni ningún tipo de refrigeración. Los refrescos estaban "al tiempo", es decir, a la temperatura del ambiente. Pero mi papa una vez me dijo "cuando vayas a Roma haz lo que los Romanos hacen." Por lo tanto yo me acostumbre al medio ambiente.

Comenzamos a estudiar por tres días todas las estructuras de interés cultural de la ciudad de México. Estuvimos en museos, catedrales, iglesias, monasterios y en las pirámides del sol y de la luna en Teotihuacán. Vimos la extrema pobreza en que los indios y la mayoría de los mexicanos vivían. En ese tiempo había dos clases. La clase pobre y la clase rica. No había clase media.

Después de tres días en la capital azteca, salimos un día temprano en la mañana para allí partimos para el este de México y estuvimos varios días en la península de Yucatán. Las ciudades de Campeche, el puerto de Vera Cruz, Chiapas, Tusla Gutiérrez, las pirámides de los indios Maya; el palenque, Uxmal, Chitchen-itzan, etc. Luego fuimos por varios días a Oaxaca, y vimos tantas iglesias que ya habíamos visto como 300 iglesias, muy bonitas, algunas de ellas con el altar enchapado en oro. Fuimos a Tehuantepec y a muchos lagos y lagunas del área. Vimos las ruinas de los indios Tolteca, Chichimeca, y otros que no recuerdo. Todavía los antropólogos seguían escavando las ruinas y se veía con el cuidado que ellos iban descubriendo las ruinas de los antepasados de aquella área. Después de estudiar la parte sur de México entonces un día bien temprano proseguimos con nuestro viaje cultural.

De ahí fuimos hacia el oeste y tuvimos varios días en ruta hacia Acapulco pasando por algunos pueblos muy interesantes. Nos detuvimos en Guadalajara un día. Luego proseguimos hasta, Taxco donde están las minas de plata y de la piedra ónix. Ahí estuvimos un día admirando el arte del labrado y prendas y muchas cosas que hacen de la plata y de la piedra ónix. Allí todos compramos sortijas y otras alhajas hechas en plata a bajo costo. Finalmente al otro día llegamos a la playa de Acapulco. En ese tiempo había muchos hoteles y otras atracciones para los turistas. Vimos donde Vivian la gente rica de México. Fuimos a ver EL CLAVADO. Esto es un espectáculo muy interesante. Uno les tira monedas a los niños en el agua y ellos se tiran de unas peñas que están como a 100 pies de altura para zabullir y sacar la moneda del fondo del mar. Es impresionante ver como esos niños arriesgan su vida por una moneda. Claro que al final la gente le daba una buena propina si se dejaban fotografiar. Hablando de fotografía es bueno señalar que desde los 18 años yo era un aficionado de la fotografía. Siempre tenía me buena cámara de cine y de fotografía. En ese tiempo las cámaras de cine eran pues de cine, es decir, de cinta de acetato como en los cines profesionales. Esas cámaras costaban bastante dinero, pero yo siempre tenía una buena cámara que llevaba a todos mis viajes. Todas las películas que tome en 8 milímetros y luego en súper 8 milímetros en los años 60 hasta el 80 todavía las tengo. Cuando se estaban poniendo viejas las pase todas al nuevo formato de video. Después de 25 años ya las pobres películas estaban que se partían por si solas. Gracias a Dios que yo siempre me he mantenido a la par con el desarrollo tecnológico.

De ahí regresamos a Mérida, Yucatán donde cogimos el avión de regreso a Puerto Rico. El aeropuerto de Mérida era el aeropuerto internacional en aquella época. Hoy día es un aeropuerto regular. El aeropuerto de Can-Cun es el internacional. Tuvimos como 20 días en México. Los estudiantes se portaron bien. El chofer del autobús, de nombre Felipe, se convirtió en parte del grupo. En todo ese trayecto nuestras vidas estaban en las manos de Felipe, quien era además, nuestro guarda espalda. Todos aprendimos mucha de la historia y cultura de México, tan es así, que la mayoría de los mexicanos que he conocido en mi vida nunca han estado, ni conocen el país como nosotros lo conocimos. Para los que no lo sepan voy hacer un breve resumen de México.

México, oficialmente se llama, **Estados Unidos Mexicanos**, es una República Federal situada en la parte meridional de América del Norte. Está formada por **31 Estados y un Distrito Federal**, donde se encuentra la **Ciudad de México** que es la **Capital** de la República. Favor de estudiar la siguiente tabla:

Estado	Capital	**Estado**	Capital
Aguascalientes	Aguascalientes	**Morelos**	Cuernavaca
Baja California	Mexicali	**Nayarit**	Tepic
Baja California Sur	La Paz	**Nuevo León**	Monterrey
Campeche	Campeche	**Oaxaca**	Oaxaca
Coahuila	Saltillo	**Puebla**	Puebla
Colima	Colima	**Querétaro**	Querétaro
Chiapas	Tuxtla Gutierrez	**Quintana Roo**	Chetumal
Chihuahua	Chihuahua	**San Luis Potosí**	San Luis Potosí
Distrito Federal	Ciudad de México	**Sinaloa**	Culiacán
Durango	Durango	**Sonora**	Hermosillo
Guanajuato	Guanajuato	**Tabasco**	Villahermosa
Guerrero	Chilpancingo	**Tamaulipas**	Ciudad Victoria
Hidalgo	Pachuca	**Tlaxcala**	Tlaxcala
Jalisco	Guadalajara	**Veracruz**	Jalapa
México	Toluca	**Yucatán**	Mérida
Michoacán	Morelia	**Zacatecas**	Zacatecas

Fíjense que cada estado tiene su capital. El DF, es decir, el distrito federal es un estado y la capital del estado es Ciudad México, que a la vez es la capital de toda la república. Hay otro estado que se llama México y su capital es Toluca. Por eso existe mucha confusión entre la gente y hasta los mismos mexicanos que tiene poca escuela. Pues en ese viaje cultural nosotros aprendimos posiblemente lo que muchos mexicanos no saben. Para mí ese viaje cambio la ruta de mi vida. Cuando regrese a Puerto Rico mi vida tuvo un nuevo rumbo.

HACIA EL DOCTORADO EN MEXICO

Después de mi regreso del viaje a México, yo me re-integre a mi cátedra por un lado, y por otro lado, hice una revisión de mi negocio de alarmas contra robos. También hice un análisis de mi vida personal y mi vida profesional. Llegue a la conclusión que tenía que decidirme entre el negocio o el magisterio. La decisión para mí no era fácil porque yo ganaba más dinero en el negocio que en el magisterio. Pero hay que pensar que los negocios también tienen unos riesgos y yo sabía de otros comerciantes que se habían ido a la quiebra porque los negocios no se pueden operar si no hay capital.

Una mañana el decano Dr. Curet me llamo a su oficina y me pregunto si yo quería terminar mi doctorado. Yo sin pensarlo dos veces le dije que sí. Pero que yo quería ir a estudiar a la Universidad Nacional Autónoma de México (UNAM), en México, DF. Él me dijo que no había problema porque ya allí había otro profesor de nuestra facultad haciendo el doctorado en Física. Yo no sabía que el Prof. Wilfredo Mattos Cintrón estaba en México. El Dr. Curet me dijo que yo debía utilizar mi año de licencia sabática para proseguir mis estudios graduados. Esto necesita explicación. Cuando un profesor esta en licencia sabática la institución le paga el sueldo regular al profesor como si estuviera trabajando. La idea es que el profesor dedique todo su tiempo en trabajar en un trabajo académico, por ejemplo, escribir una tesis o escribir un libro o estudiar en una universidad en el extranjero.

En mayo del 1969 hice los arreglos para mudarme para México. Esto es una historia interesante. Yo no quería vender mis pertenencias. Yo quería mudar mis pertenencias del punto A al punto B. La complejidad del caso que el punto A era Rio Piedras, Puerto Rico y el punto B era mi nueva residencia en la capital federal de México. Tuve que conseguir toda la documentación que me requería México. En Puerto Rico no había embajada de México, la más cerca estaba en Miami,

Florida. El problema mayor era como yo iba a transportar mis pertenencias de un sitio a otro.

Un día iba guiando por la Avenida Fernández Junco vi un señor montando un piano de cola en un tráiler cerrado con una sola puerta grande atrás. Enseguida me estacione en el estacionamiento de la tienda que vendían pianos y le pregunte al dueño para donde iba ese piano. El señor era cubano y tenía una tienda de vender pianos en Miami y estaba transportando ese piano de cola para su tienda en Miami. Yo le dije que estaba interesado en comprarle el tráiler porque yo necesitaba llevar mis pertenencias a Miami. Yo le compre el tráiler por $800.00 dólares y él me dijo que me cobraba $200 por llevar el tráiler en una barcaza al puerto de Miami. También me dijo que cuando el tráiler llegara a Miami, ya él tenía la conexión de cómo sacarlo del puerto sin tener que pagar las contribuciones siempre y cuando las cosas fueran destinadas a su almacén en Miami. Yo le dije que no había problema.

A la semana, ya mis pertenencias, es decir, todo el mobiliario de mi casa estaba en el tráiler estacionado en un almacén de Miami. Yo volé de San Juan a Miami con mi esposa y mis dos hijos para ir y reclamar mis cosas en el almacén de Miami. Es decir, mi mudanza de Puerto Rico a Miami, sumándole todo lo que iba dentro del tráiler, más mi vehículo nuevo marca GMC Modelo Jimmy con tracción en las cuatros ruedas me costó $1,000. Y encima de todo eso el tráiler, el vehículo y todo lo que iba dentro del tráiler era de mi propiedad y no debía ni un centavo. Si yo hubiera usado los servicios de una mudancera, eso me hubiera costado más de $3,000.00 dólares en ese tiempo, es decir, eso costaba de Puerto Rico a Miami. Yo nunca le dije a nadie cual era el destino final de mi mudanza por cuestiones de seguridad.

Ya yo había alquilado un apartamento en la capital federal de México que estaba localizado en un sitio exclusivo de México que se llamaba EL PEDREGAL. Ahí era que vivían los riquitos de México. El dueño del apartamento era un español que se había establecido en México.

Salí un lunes como a las seis de la mañana de Miami, Florida con rumbo a México por carretera. Primero tenía que cruzar varios estados. Es decir, subir por el estado de Florida por la costa oeste, toda la parte sur de los siguientes estados, Alabama, Misisipi, Louisiana, hasta cruzar el estado de Texas dirigiéndome hacia San Antonio y entrar al territorio de México por la frontera con Laredo, Texas. Tuve como 5 días cruzando los Estados Unidos hasta llegar a Laredo. Yo iba guiando solo porque mi esposa no quería manejar un vehículo con tracción en las cuatro ruedas que a la vez iba halando un tráiler que pesaba varias toneladas. Gracias a Dios que la gasolina era barata en aquel tiempo. La primera parada la hice en Mobile, Alabama y entonces me percate que la rueda de repuesta del tráiler se había caído y por lo tanto se había perdido. Yo no iba a tratar de perder tiempo buscando una rueda de repuesta porque las ruedas de ese tráiler eran de 8 lonas y no se conseguían nada más que en un local que venda ruedas para todo tipo de vehículo. El sitio más cerca quedaba en San Antonio, Texas. Por lo tanto, tuve que correrme el riesgo de seguir mi camino sin rueda de repuesta para el tráiler. Mi camioneta tenía un motor potente y además yo le había hecho unas modificaciones tanto al vehículo como al tráiler para que la marcha fuera más fácil. Tuve que instalar un sistema de enfriamiento para la transmisión porque el aceite de transmisión cambia su viscosidad con las altas temperaturas. El tráiler le puse unas barras que se llaman "anti-sway bars" que anulan que el tráiler comienza a culear. Si un tráiler comienza a culear el chofer pierde el control del vehículo y es muerte segura. Mi consejo a cualquiera que hale un tráiler es, que tiene que tomar todas las precauciones necesarias para evitar un accidente. Por ejemplo, si usted frena de golpe, entonces los frenos del tráiler tienen que estar sincronizado para evitar que el tráiler haga un "Jack knife" en otras palabras el chofer pierde el control del vehículo. Por lo tanto, yo aprendí a guiar las carreteras halando un tráiler sin tener ningún tipo de accidente. También es importante descansar de vez en cuando de lo contrario uno se duerme y ocurre los accidentes y puede uno perder la vida y la de otros. Yo guiaba 8 horas diarias y luego me quedaba en un hotel con mi familia para descansar. Al otro día me levantaba temprano y guiaba 8 horas. Si usted guía a una velocidad de 50 millas por hora en 8 horas cubre aproximadamente 400 millas. Eso es otra cosa, cuando uno está halando un tráiler uno no debe de ir más allá de 50 millas por hora. Si pasa de ese límite entonces se va acercando más a la muerte.

Cuando llegue a la frontera en la ciudad de Laredo, Texas entonces tenía que cruzar hasta Nuevo Laredo que queda en territorio mexicano. El policía de la aduana me dijo que no podía entrar a la republica porque me faltaba un timbre (sello) en mis documentos. Ya me habían prevenido todas las cosas que pasan en la frontera por lo tanto, eso no me cogió de sorpresa. Entonces yo le pregunte al policía ¿Cómo se puede resolver eso? Él me dijo que su jefe se ablandaba el corazón cuando veía los billetes verdes. Yo le entregue $20.00 dólares y me dejo pasar. Pero para entrar al territorio Mexicano en esa época había tres puestos de aduanas y ese era el primero.

Ya en el segundo puesto me estaban esperando la policía de la aduana. Se acercó un policía y me dijo. "Señor, tiene que vaciar ese tráiler para ver si usted trae armas" Yo conteste; "Señor yo soy un simple estudiante que apenas tiene dinero para vivir." "Yo no soy terrorista ni tengo armas." El policía se alejó de mí y fue para una caseta y como a las dos horas volvió y me dijo "Yo creía que usted ya había terminado de vaciar el tráiler." Entonces yo le dije "mire usted señor, mi esposa y mi dos niños no tiene fuerza para ayudarme. Podría preguntarle ¿Qué tengo que hacer para resolver este problema? Él me contestó "mire mi cuate, aquí nos pagan poco dinero, y cualquier gratificación es bienvenida." Entonces yo le pague $40.00 dólares y el policía iba lo más contento para su caseta, alzo la voz y me dijo, "Espero que tenga suerte en el tercer puesto." Yo no hice ningún comentario y proseguí mi marcha.

Al otro día me levante temprano y continúe hasta acercarme al tercer y último puesto. Ya allí me estaban esperando y la cosa parecía fea porque el policía estaba mirando el reloj que tenía en su muñeca. Entonces me dijo. "mire compadrito, ya estamos cerrado y tiene usted que esperar hasta mañana a las 8 de la mañana para poder inspeccionar su tráiler." Yo me sorprendió su modo de hablar y lo certero de su mirada. Entonces vi a un señor que parecía un sacerdote, y fui para pedir ayuda y le dije "Padrecito, puede usted ayudarme con este problema. La policía no quiere ayudarme y yo no puedo esperar hasta mañana. Yo siempre he sido un devoto de San Antonio y espero que los santos del cielo y usted me ayuden." Aquel señor que parecía un sacerdote me miro con unos ojos profundos y moviendo su bigote y sus anchas cejas me dijo. "Maldita sea la madre de los curas. Yo no soy sacerdote yo soy el jefe de este puesto," A mí se me salieron las lágrimas y entonces el supuesto sacerdote me pregunto. ¿Cuánto dinero tiene en su billetera? Yo le conteste; "Solo me quedan $60.00 para cubrir los gastos de mi viaje hasta la capital federal." Entonces el supuesto curita me dijo;" pues si quiere llegar hasta la capital federal pronto, entonces haga una contribución a esos pobres policías que están allí parados y usted verá que ellos se lo van agradecer y quizás lo dejen pasar." Bueno, pues tuve que tomar el riesgo de entregar los "$60.00 a ver si me dejaban pasar. Los policías cogieron el dinero y me dijeron que ellos creían que ya yo me había ido. Más tarde me entere que estos episodios que me pasaron en la frontera se conocen en México como LA MORDIDA.

Quiero que quede bien claro que se alega que la corrupción en la policía en las oficinas de gobierno ha sido siempre una cosa natural no tan solo en México, sino en muchas republicas. Se dice que es un mal a que uno tiene que acostumbrarse. Que ese mal es parte de la cultura por lo tanto, tratar de cambiarlo sería fútil. El dinero que yo pague realmente lo hice voluntariamente para ayudar a gentes que en mi opinión lo necesitaban. Yo quiero y admiro mucho a México. El mexicano común y corriente en las calles de México son personas muy buenas y están siempre disponibles ayudar al prójimo, no importa que sea extranjero.

Bueno, no lo pensé dos veces y proseguí mi marcha hacia el pueblo más cercano. En ese tiempo la carretera era muy desolada. No se veía ni gente ni otros carros. De vez en cuando veía algún carro pasar y a veces veían a gente montados en sus burritos. Cruce Nuevo Laredo, el estado de Monterrey, el estado de San Luis Potosí, el estado de León, llegue a Morelia y poco a poco me fui acercando a la capital federal. Mientras más me acercaba a la capital mas era el número de todo tipo de vehículos que veía. México queda en un valle que en un tiempo era una laguna. El valle está rodeado de altas montañas y por lo tanto todo los gases que expiden los vehículos no tiene donde ir. La cantidad de "smog" que había en el aire era increíble. Para complicar la situación la ciudad de México está a una altura bastante alta lo que implica que en condiciones normales el oxígeno es bien escaso, por lo tanto, eso afecta mucho a los extranjeros. Empecé a notar que la mayoría de la gente tenía pechos bien anchos, es decir, la naturaleza había cambiado el tamaño de sus pulmones para poder vivir a esa altura. Pero después de varias horas nos fuimos acostumbrando al "smog" y a la altura. También como yo tenía lentes de contacto, mis ojos se pusieron medios rojos y eso no era buena noticia porque yo estaba guiando.

Mi misión era llegar al almacén (bodega) donde iba a dejar mi tráiler. Ya yo había hecho los arreglos para dejar el tráiler en el almacén (deposito). Y luego seguir en mi camioneta hasta un hotel hasta que llegara el día de mover el tráiler al estacionamiento del apartamento y con la ayuda de brazos mexicanos ellos llevaron mis cosas a mi apartamento. Ya a la semana yo estaba ubicado en mi apartamento. El tráiler lo tuve que llevar de nuevo a Querétaro para dejarlo allí por el tiempo que iba a vivir en México. Para los que no conocen a México le puedo decir que en la ciudad de Querétaro fue donde los mexicanos les cortaron la cabeza a Maximiliano y Carlota quienes eran los emperadores de México en un tiempo de su historia. El pueblo queda como a una hora de la capital y el costo de vida era más barato que en el distrito federal.

Debo de recalcar que vivir en una república centro o sur americana no es lo mismo que vivir en Estados Unidos o Puerto Rico. Hay que acostumbrarse al idioma, al país y sus costumbres. El español que se habla en México tiene muchas variaciones y los mexicanos hablan distinto a nosotros los puertorriqueños o el cubano o los dominicanos. Las mismas palabras en un país tienen un significado distinto a otro país. Por lo tanto, yo y mi esposa teníamos que tener mucho cuidado al hablar en las calles de México. Las personas con educación universitaria hablan también distinto al vulgo. Así es que uno tenía que estar consciente con quien uno hablaba. Las comidas son completamente distintas a Estados Unidos o Puerto Rico. Un taco o unas enchiladas hechas en México son distintos a los mismos tacos o enchiladas hechos en Estado Unidos. La comida mexicana en México es más sabrosa que la porquería que vende en Puerto Rico o Estados Unidos. En México usted tiene que tener cuidado donde come. En las calles y pequeños negocios venden comidas corridas que pueden darle diarrea a un extranjero. El agua también puede estar contaminada. Un mexicano puede beber un vaso de agua sin tener consecuencias graves. El mismo vaso de agua bebido por un extranjero puede darle unas diarreas que pueden durar hasta tres días. Eso se llama **La Venganza de Moctezuma.** Por ejemplo, mi esposa siempre tenía que tomar una *medicina* que era un antídoto contra las diarreas. Sin embargo, yo nunca tuve problemas ni con el agua ni con las comidas. El apellido Rivera es muy común en México, y para los mexicanos yo era también mexicano. Mis amigos mexicanos me decían que yo era Yucateco. Lo que pasa es que los mexicanos de la costa de Yucatán son caribeños y hablan como los puertorriqueños. Por lo tanto, yo era mexicano hasta que me montaba en mi camioneta. Déjeme explicar eso. Las tablillas de mi camioneta eran de Puerto Rico y además del número de placas decía Puerto Rico Isla del Encanto. Cuando yo guiaba por las calles de México los puertorriqueños empezaban a gritarme ARRIBA PUERTO RICO. Para los que no lo sepan, en la capital de México hay muchas familias puertorriqueñas que llegaron allí hacía mucho tiempo. Mayormente esas familias trabajaban en la radio, la televisión o las casas disqueras. También había muchos comerciantes puertorriqueños que tenían restaurantes y salones de baile. Muchos mexicanos le gustan la música de Puerto Rico y de Cuba. Allá le llaman esa música, la música tropical. Muchos artistas puertorriqueños trabajaban en radio y televisión en esa época. Por ejemplo; Daniel Santos, Bobby Capó, Rafael Hernández, Pedro Flores, Virginia López, y muchos más. El danzón era muy popular en la costa de Yucatán. El Trio Los Panchos siempre tenía a un puertorriqueño como primera voz del trío. Por lo tanto, los puertorriqueños no éramos considerados extranjeros para los mexicanos de la calle. Éramos muy queridos porque la clase artística puertorriqueña había echado las raíces allí. Por otro lado muchos artistas mexicanos habían viajado y vivido por corto tiempo en Puerto Rico. Por ejemplo; Pedro Vargas, El Trió Los Panchos, Jorge Negrete, Pedro Infante, Javier Solís, José Mujica, el Dr. Alfonso Ortiz Tirado, Juan Arvisu, y muchos más. La lista es bien larga.

MEXICO LINDO Y QUERIDO

Mi misión era primero conectarme con mi compañero de aulas el Prof. Wilfredo Mattos Cintrón, quien me iba a enseñar donde quedaba las oficinas de Física y la biblioteca. Por fin lo encontré y dedicamos un día completo visitando las más importantes facilidades de esa enorme universidad. En aquella época la universidad tenía cerca de 100,000 estudiantes. El edificio del Colegio de Física tenía como ocho pisos. Tenían modernos salones y los mejores laboratorios de la época. El colegio de Medicina era tan grande como un hospital. El edificio de Arquitectura era enorme. El estadio de Futbol era gigantesco. En fin era una universidad más grande que Columbia University y más grande que la UPR. En esa universidad no tan solo hay estudiantes mexicanos. Hay estudiantes de todo centro y sur América y el área del Caribe. Allí todo es grande o enorme. Sin embargo, el costo de la matricula anual era tan solo $250.00 dólares. Eso era un regalo cuando se compara con el costo de matrícula de "Columbia University" que en aquel tiempo era $5,000 por semestre o $10,000 anuales. Claro esos costos no me preocupaban a mí porque a mí me pagaban todos los gastos de matrícula, libros y hospedería. Lo único que yo pagaba era el costo de las cosas que no estuvieran relacionadas con lo académico.

Mi primer semestre en la UNAM fue completitamente fácil porque ya yo venía de "Columbia University" que era mucho más difícil. De hecho, allí me hice famoso con los profesores porque yo los ayudaba a corregir los trabajos de otros estudiantes gratuitamente. Además yo era uno de los pocos estudiantes que era dueño de una camioneta nueva y la única quizás en toda la república. Cada vez que estacionaba la camioneta en cualquier sitio la gente venía a verla incluyendo a los policías que siempre me pedían los papeles de la camioneta porque ellos estaban curiosos por las tablillas que decían

Puerto Rico. Me preguntaban si había un puente entre Puerto Rico y México. Yo me echaba a reír y les decía que sí.

Después de dos meses en la UNAM uno de mis profesores me pregunto si me interesaba escribir una tesis en Energía Nuclear. Yo le pregunte cual era la razón y él me dijo que la compañía de Petróleos Mexicanos estaba instalando una planta de Energía Nuclear en Querétaro y necesitaban estudiantes graduados que pudieran trabajar allí.

Es importante señalar que el presidente de México, Lázaro Cárdenas nacionalizo el petróleo de mexicano en el 1938. Por lo tanto la compañía de Petróleos Mexicanos es del gobierno de México. Entonces yo comencé a estudiar Energía Nuclear y trabajar algunas horas en la semana en una oficina que tenían en el edificio de Física. Sin darme cuenta ya yo me había conectado con la facultad de Física. Ellos sabían que yo era de la facultad de Física de la UPR. Por lo tanto, fui avanzando vertiginosamente en mis estudios doctorales.

ATRACCIONES TURISTICAS EN MEXICO

Vivir en México para mí fue fabuloso. Es como estar de turista en un país por largo tiempo. Pero claro, debo primero señalar los sitios turísticos del México de aquella época. Que posiblemente puede ser el mismo que usted puede ver hoy día, quizás con algunos cambios.

Las pirámides de Teotihuacán quedan como a una hora de la ciudad capital. Es uno de los mayores sitios arqueológicos en el país y en su apogeo cultural (150 a 450 DC) fue la ciudad más grande del mundo, con una población de más de 200.000 habitantes. El sitio contiene dos grandes pirámides - Pirámide del Sol y la Pirámide de la LUNA - y muchas pirámides más pequeñas que flanquean la Avenida de los Muertos. El Templo de Quetzalcóatl es también digno de ver. Los visitantes pueden subir a la cima de las dos grandes pirámides. Desde allí usted puede ver todo el sitio, los alrededores y las montañas.

La Plaza de la Constitución (El Zócalo) es literalmente el corazón de la ciudad y del país. Esta plaza es la plaza pública más grande del mundo hispano. Claro, la Plaza Roja de Moscú es la más grande y la Plaza Tianamen de Beijing es la tercera más grande. En el centro de la plaza existía un polo con una enorme bandera nacional de México. Como este es el corazón de la ciudad, siempre hay algo pasando ahí. Lo más que recuerdo es las danzas indígenas y eventos culturales, conciertos de música y protestas políticas. Allí también existía lo que se llamaba MONTE PIEDAD que era un sitio para comprar o empeñar artículos de valor. También había LOS ESCRITORIOS PUBLICOS. Donde había muchos negocios tales como; abogados, médicos, imprenta, barbería, etc., etc. No había paredes separando un escritorio del otro. Simplemente eran unas hileras de escritorios que cada cual ponía para prestar sus servicios al público que acudía allí. Unas de las películas de Cantinflas, fue filmada allí. Yo usaba los servicios de los escritorios públicos para cuando tenía que llenar un documento oficial para el gobierno mexicano. En Monte Piedad fue donde yo compre un juego de sala y uno de comedor de madera genuina mexicana para mi hogar. El zócalo está rodeado por varios lugares de interés para los que visitan a México tales como; La Catedral Metropolitana, El Palacio Nacional y el Templo Mayor. También se encuentra a poca distancia el Palacio de Bellas Artes, La Torre Latinoamericana y el Parque de la Alameda.

La Catedral Metropolitana es un sitio histórico. Esta es una de las catedrales más grandes en la ciudad y contiene varios estilos arquitectónicos, ya que fue construida durante un período de alrededor de 250 años. Se encuentra en el lado norte de la Plaza de la Constitución. Los indios aztecas habían construido un templo en ese sitio. Hernán Cortez, conquistador español quien con sus hombres conquisto a México, mando a destruir el templo y construir una iglesia católica. Muchos de los materiales utilizados para construir la catedral vinieron del templo azteca destruido que se encontraba en el mismo sitio. La capital mexicana era en los tiempos de los indios aztecas un lago enorme. Luego vino una sequía y el lago fue desapareciendo. Debido a la naturaleza del suelo de Ciudad de México, la catedral se hunde lentamente (al igual que muchas estructuras históricas) como por ejemplo la basílica de Nuestra Señora de Guadalupe. Si usted toma un paseo por el vasto interior de la catedral, podrás ver muchas exhibiciones religiosas y ejemplos de la arquitectura. Esta catedral tiene uno de los mejores órganos antiguos del mundo.

El Palacio Nacional es la sede del gobierno mexicano. Yo tenía que ir allí para cualquier gestión de documentos oficiales debido a que yo soy ciudadano americano. Pero allí también usted verá los murales que pinto Diego Rivera quien fue unos de los mejores pintores del mundo, a pesar que era de ideología comunista. Sus murales forman hoy patrimonio nacional de México.

El templo mayor realmente son las ruinas arqueológicas de los aztecas. El Templo Mayor, dedicado a los dioses aztecas de Tláloc (dios de la lluvia) y Huitzilopochtli (dios de la guerra) es también patrimonio nacional. Este era el templo principal y el punto focal del gran centro de la capital azteca de Tenochtitlan, que en ese momento se encontraba en el mismo lugar pero en una serie de islas en el Lago de Texcoco. Muchos de los materiales del templo fueron utilizados por los españoles para construir la adyacente Catedral Metropolitana.

El Palacio de Bellas Artes fue terminado en 1934 y es uno de los mejores teatros de la ciudad. Allí se celebran los mejores espectáculos artísticos. El interior contiene varios murales de Diego Rivera, Orozco, Siqueiros y Tamayo. Los visitantes a Ciudad de México a menudo disfrutan de una representación del Ballet Folklórico de México en ese lugar. Al lado del Palacio de Bellas Artes esta la Torre Latinoamericana, terminada en 1956 con 44 pisos. Cuando yo vivía en México, este edificio era el edificio más grande de la república y de América Latina. Los visitantes pueden subir por el ascensor a una cubierta de observación en el nivel superior (con un interior y exterior) de vistas de 360 grados de la extensa ciudad de México, el Valle de México, y las montañas circundantes y los volcanes (en días claros). El bosque de Chapultepec fue mandado a construir por Maximiliano para el poder ir desde su palacio en Chapultepec hasta el palacio nacional. Antiguamente tenía una pequeña carretera en el centro del parque para el coche imperial. Fue el primer parque de la ciudad, que data del siglo XVI. Cerca de la Torre y el Palacio de Bellas Artes está el parque de la Alameda, que fue el primer parque de la ciudad, que data también del siglo XVI.

El bosque de Chapultepec es el parque más grande (1.600 acres) de la ciudad y de la república. Muchos caminos conducen a los visitantes a través de acres y acres de bosques y lagos. **El Castillo de Chapultepec** se encuentra en una colina en el parque y fue la casa del emperador Maximiliano I y la emperatriz Carlota, y ahora está abierto a los visitantes y sede del Museo Histórico Nacional. Hay excelentes vistas del Paseo de la Reforma y el parque de varios balcones del castillo. También situado en el parque existe un zoológico, un lago con alquiler de botes, un parque de atracciones de Los Pinos (la residencia oficial y las oficinas del Presidente de México), el Auditorio Nacional, y varios otros museos, incluyendo el Museo de Arte Moderno, el museo de Historia Natural y el Museo del Niño. La arquitectura de los edificios que constituyen los museos ganó premios de arquitectura. Ya que la UNAM tiene la mejor escuela de arquitectura de la América Latina.

El Museo Nacional de Antropología contiene tal vez la mayor colección mundial de artefactos precolombinos y el arte de las distintas culturas precolombinas. El museo es enorme y está dividido en distintas salas de acuerdo a cada una de las culturas precolombinas. El patio central es famoso por su gran paraguas de hormigón cuadrado. Las salas de exhibición incluyen las dedicadas a las culturas Olmeca, Chichimeca, Maya, y las civilizaciones aztecas.

La Laguna de Xochimilco está situada en la parte sur de la ciudad, estos son los últimos restos de la serie de lagos que una vez estuvieron aquí en la época de los aztecas. El valle de México era un gran lago que tenía muchas islitas. Si usted visita a Xochimilco tendrá una idea de lo que Hernán Cortez vio al llegar a México. El área contiene ahora una serie de canales, donde los visitantes pueden pasear en góndolas de brillantes colores. Los canales son todo lo que queda de las chinampas (jardines flotantes) el tipo de agricultura desarrollada por los aztecas. Allí yo llevaba de vez en cuando a mi esposa y mis hijos a disfrutar de un día con la música de los mariachis.

La Basílica de Nuestra Señora de Guadalupe es otro sitio muy importante en la historia de México. La virgen de la Guadalupe es la patrona de México. La virgen María se le apareció al niño Juan Diego en la colina que se conoce hoy día como, La colina del Tepeyac. Esta colina queda detrás de la iglesia en un monte. La religión oficial de los conquistadores de México era la religión católica. Hoy día la Basílica representa no tan solo un símbolo nacional importante sino también el sitio de reunión de todos los peregrinos mexicanos que vienen a la capital a rezar, implorar y pedirle a la virgen

Guadalupana que los ayude en sus problemas. Cuando usted entra a la basílica vera miles de muletas y otros artefactos que han dejado los feligreses como muestra de los milagros intercedidos por la virgen. En la colina esta también otra basílica un poco más pequeña que se construyó primero en el siglo XVI. La basílica más grande se construyó muchos años más tarde. El delantal del niño Juan Diego, con la imagen de la virgen de Guadalupe puede verse en la basílica grande. Lo más probable es que sea el edificio religioso más importante de México y posiblemente en toda América Latina. El sitio es particularmente importante en el catolicismo, ya que es el segundo mayor centro religioso después de la Ciudad del Vaticano en Roma, Italia. Cuando yo vivía en México, la basílica grande estaba inclinada a consecuencia de muchos terremotos y lo débil del suelo.

La Plaza Garibaldi queda no muy lejos del centro de la ciudad de México. Esta plaza musical tiene un renombre mundial. Aquí es donde se reúnen los mariachis para brindar su música a quien la quiera oír, y pagar. En este lugar yo iba a menudo con mi esposa para oír a los mariachis cantar. Allí también hay buenos restaurantes que sirven muy buena comida. Por la noche es cuando la Plaza Garibaldi se pone mejor. Yo iba a veces a buscar un grupo de mariachis para llevarle una serenata a mi esposa. Las serenatas son muy importantes para los mexicanos porque es la mejor forma de expresar el amor a la mujer que uno quiere. Hay muchas cantinas alrededor de la plaza. Algunas de estas cantinas tienen espectáculos. Pero los mexicanos de la republica van a este lugar para sentarse en una mesa a comer, cantar y pasar un buen rato con la familia. Yo confieso que me hace mucha falta la plaza Garibaldi porque es allí que uno verdaderamente vive las canciones rancheras al estilo de Miguel Aceves Mejías o José Alfredo Jiménez quienes yo los veía a menudo en los espectáculos que se presentaban en las cantinas. Allí también vi años más tarde al famoso Javier Solís. Una pena que cuando yo vivía en México, ya Jorge Negrete había muerto. Nunca pude ver a Pedro Infante porque Pedrito se pasaba haciendo películas y viajando al extranjero donde había más plata que en Garibaldi. Pero Miguel y José Alfredo vivían la música cuando la cantaban allí. Cuando uno de esos cantantes se echa un grito a uno se le paran los pelos de punta. Es una experiencia que nunca podré olvidar.

La Zona Rosa es un sitio muy famoso. Este lugar está localizada cerca del centro histórico de la ciudad. Es decir, en la parte norte del famoso Paseo de la Reforma. Cuando yo caminaba por este paseo me recordaba al Champ Elyses de Paris, Francia. El Paseo de la Reforma es una avenida bien bonita y no hay semáforos o luces rojas. Siempre ha sido así, no que México se copió de Europa. Donde se cruza más de cuatro y hasta cinco calles hay un gran círculo que se conocen como "las glorietas." En cada glorieta hay una fuente o una estatua con un jinete importante montado a caballo. La zona esta bordeada por la Avenida Chapultepec y por otro lado la avenida Insurgentes y por otro lado está la Avenida Florencia. Este sitio es bastante concurrido tanto de día como de noche. Pero en las noches era que yo iba. Es importante señalar que en la republica de México la prostitución está prohibida, excepto en la zona rosa. En México, cada ciudad importante tiene una zona rosa. Las prostitutas también tienen que cumplir con ciertas regulaciones impuestas por el gobierno mexicano. La más importante es la erradicación de enfermedades venéreas y el uso de las drogas. Una cosa que me llamo mucho la atención en aquella época era la cantidad de médicos de enfermedades venéreas. Otra cosa que me llamo mucho la atención fue que en México la medicina estaba socializada. Los mexicanos no tenían que pagar por ir a un hospital o ver a un médico. Usted podía entrar a cualquier farmacia y comprar cualquier medicina sin necesidad de recetas y a precios muy bajos.

DAMASO PEREZ PRADO Y JUAN GARCIA ESQUIVEL

En aquel tiempo había en México un gran interés en las grabaciones de discos en sonido estereofónico. Yo había estudiado ese concepto cuando yo era estudiante de "Columbia University" pues yo conocí a muchos estudiantes que estaban construyendo aparatos electrónicos para conseguir la reproducción del sonido en toda su dimensión. Además la RCA Victor había hecho grabaciones utilizando ese concepto. Pero en México todavía el mercado de disco era mayormente monoaural debido a que era el equipo de reproducción que tenían la mayoría de los mexicanos.

Para mi mayor sorpresa un día vi un anuncio que me llamo la atención. Había una reunión del colegio de ingenieros para discutir el tema y uno de los conferenciantes era Juan García Esquivel. En el salón de conferencia había como 100 personas. La conferencia fue bastante interesante pero lo que más me llamo la atención fue que uno de los asistentes era Dámaso Pérez Prado. Enseguida que termino yo fui hablar con el maestro y con el conferenciante. Ellos estaban hablando de como grabar el sonido de una orquesta para que al reproducir el sonido se recreara toda la dimensión de la orquesta de suerte que diera la impresión de estar en vivo. Yo les dije que el secreto era poner un micrófono por cada instrumento. En México todavía los estudios de grabación utilizaban un solo micrófono para toda la orquesta y de ahí es que viene la limitación. Como García Esquivel era estudiante de ingeniería y yo tenía conocimientos de electrónica, nos pusimos a dibujar en un papel los requisitos del sistema electrónico. Hicimos un prototipo que se lo llevaron a los estudios de grabación de la RCA Mexicana. Eso que hicimos aquella tarde es lo que se conoce hoy día como un "mixer" una mezcladora de audio. Es decir, un aparato electrónico que mezcla el sonido que capta diez o doce micrófonos. Nosotros fuimos unos tontos porque no se nos ocurrió patentizar ese aparato que hicimos. La única satisfacción que obtuve fue la amistad de dos gigantes de la música; Juan García Esquivel, pianista arreglista y Dámaso Pérez Prado también pianista y arreglista. Dos genios de la música, dos pianistas, dos artistas que yo siempre he admirado en mi vida. Uno es cubano de nacimiento y el otro es mexicano. Da la casualidad que años más tarde Dámaso Pérez Prado se hizo ciudadano mexicano. Su hijo heredo la orquesta del maestro. Su hijo se llama Pérez Prado Salinas.

En México existen dos clases, es decir, la clase pobre (la mayoría) y la clase rica (la minoría). En ese tiempo no existía clase media. La clase rica iba a médicos fuera de la república. Un sitio favorito era Houston, Texas. El resto de la población no paga por hospitales ni por médicos. Los médicos guiaban carros viejos y yo que no era medico guiaba una camioneta nueva. Pero si existen médicos privados que los pobres no pueden ir porque los médicos privados cobran por su servicio. Los extranjeros que viven en México tienen que pagar por los servicios médicos. Un ejemplo era el caso de mi esposa que tenía afecciones de la piel (espinillas) y yo tenía que pagar a un médico para que las sacara. Un día tuve que ir a un dentista y tuve que pagar por sus servicios.

LA MASACRE TLATELOLCO 1968

Mi compañero Prof. Wilfredo Mattos Cintrón me había explicado que en la UNAM había un grupo de estudiantes que tenían planeado paralizar los trabajos en la UNAM como una protesta por la MASACRE DE TLATELOLCO. En mi caso, lo irónico era que yo estaba huyéndole a las protestas estudiantiles en Puerto Rico y no hago más que pisar el suelo de la UNAM y me veo envuelto en protestas estudiantiles. Mi mama decía que "cuando uno no quiere caldo le sirven dos tazas." Para los que no lo sepan en el 1968 ocurrió esta masacre y murieron muchos estudiantes.

Esta matanza de quizás miles de espectadores y estudiantes ocurrió el 2 de octubre del 1968. Yo llegue a México un año más tarde y todavía se sentía en el ambiente estudiantil el resentimiento de ese trágico suceso. Lo que ocurrió fue que muchos estudiantes tenían una marcha de protesta contra el gobierno mexicano por los problemas estudiantiles que existían dentro de la UNAM y en el resto de la república. El sitio de reunión era la Plaza de las tres Culturas en Tlatelolco, Ciudad México, DF. Ya hacía meses que existía esa intranquilidad política en la capital mexicana. No tan solo eran los problemas de México sino también en el resto de la república y el repudio a la guerra de Vietnam. Muchos decían que detrás de todo esto estaba el movimiento comunista de Fidel Castro. El 27 de agosto del 1968 hubo una protesta donde marcharon más de 200,000 estudiantes que se instalaron en el Zócalo, que come dije antes, es una plaza frente al palacio de gobierno y frente a la Catedral de México. Ese sitio está en el centro de la ciudad y es concurrido por turistas y visitantes de otras partes de la república. El gobernador del estado de México era en ese tiempo Luis Echevarría Álvarez. Dicen que el dio la orden para que el ejército mexicano reprimiera la protesta. La policía y el ejército usaron chorros de agua a presión y gases lacrimógenos.

La UNAM y otras universidades dentro y fuera de la republica son AUTONOMAS. El concepto de autonomía de una universidad quiere decir, que el gobierno de la nación no tiene ninguna injerencia en los asuntos administrativos de una universidad autónoma. Esto se hace para evitar que el gobierno ponga a su gente de confianza a dirigir a su antojo a una universidad. En el 1968 se celebraba los Juegos Olímpicos en México y el presidente Gustavo Díaz Ordaz estaba empeñado de limpiar las calles de la capital y echar afuera a los manifestantes por temor que estas protestas entorpecieran los juegos. Como medida preventiva Díaz Ordaz ordeno que el ejército ocupara los terrenos de la UNAM. En esa ocasión el ejército detuvo y golpeo en forma indiscriminada a muchos estudiantes. En señal de protesta, el rector de la UNAM, Javier Barros Sierra renuncio el 23 de septiembre del 1968.

A pesar de esto, las protestas estudiantiles siguieron en aumento. Las manifestaciones crecieron en tamaño hasta que el 2 de octubre, luego de nueve semanas de huelga estudiantil, 15.000 estudiantes de varias universidades marcharon por las calles de la ciudad, llevando claveles rojos para protestar por la ocupación del campus de la UNAM. Al caer la noche, alrededor de 5.000 estudiantes y trabajadores, muchos de ellos con sus esposas e hijos, se congregaron en la céntrica Plaza de las Tres Culturas en Tlatelolco. Allí había coches blindados y tanques de guerra armados y dispuestos a disparar si fuera necesario. Dicen que el gobernador de México, el Licenciado Luis Echevarría Álvarez, dio la orden de disparar en contra de los protestantes. En minutos toda la plaza estaba cubierta de muertos y heridos. La plaza estaba completamente bañada en sangre. Entre ellos había muchos niños y mujeres que acompañaban a sus seres queridos. La masacre continuó durante la noche, los soldados allanaron los edificios de apartamentos adyacentes a la plaza. Testigos de los hechos aseguran que los cuerpos fueron sacados en camiones de basura que luego fueron enterrados en sitios desconocidos aprovechando la oscuridad de la noche.

Al otro día hubo una explicación oficial del gobierno señalando que los estudiantes estaban armados y fueron los primeros en dispararle al ejército. Y el ejército y la policía respondieron para defenderse del ataque. Por suerte yo no estaba allí, pero conocí a muchos estudiantes que salieron ilesos de la masacre y me juraban que ningún estudiante andaba armado. Yo estoy inclinado a creer que los estudiantes no tenían la fuerza armada que tenían los soldados y no se justificaba matar a tantos mexicanos que eran parte de su propia raza.

La función del ejército en México es puramente para defender las fronteras contra un invasor exterior. El presidente de México realmente no es miembro del ejército. Y en México el ejército no está vinculado al gobierno como ocurre en otros países. Otra función del ejército es ayudar a la población en tiempos de terremotos o de huracanes. También se usa para perseguir y tratar de aplastar el tráfico de drogas.

Esa situación entre los estudiantes y el ejército continúo después de la masacre de Tlatelolco. Cuando yo estaba estudiando, hubo una ocasión en que los estudiantes tomaron el edificio de rectoría y estuvieron allí varias semanas. Pero las clases no se suspendieron. Es importante señalar que en el edificio de rectoría estaban todos los records académicos de los estudiantes. Semanas más tarde, el presidente de México, Luis Echevarría Álvarez, dio la orden de cerrar la universidad. Luego el ejército volvió a ocupar el edificio de la rectoría durante su cierre. Por suerte ya yo había completado los requisitos del doctorado. Pero el cierre de la universidad me afecto adversamente como verán más adelante.

Varia semanas después volvieron abrir la universidad y entonces los estudiantes alegaron que el ejército había robado muchos records académico de los estudiantes. El gobierno nunca negó ni acepto que esto había ocurrido. Pero sin lugar a duda me inclino a creer que algunos documentos se extraviaron. Eso lo pude comprobar más tarde en mi caso. Entre esos documentos estaban mi record académico y de otros estudiantes de esa época.

Yo le escribí a mi decano en Puerto Rico, que la Universidad de Nuevo México en Albuquerque, Nuevo México, me estaban ofreciendo una beca para hacer estudios post-graduados. El decano me aconsejo que si yo creía que mi vida estaba en peligro en México, lo mejor era ir a Nuevo México, usar los créditos de México y obtener otro grado académico de la Universidad de Nuevo México. Porque en Puerto Rico la situación estudiantil estaba también caliente y la Universidad de Puerto Rico era también un blanco para los estudiantes de extrema izquierda. Lo mismo estaba sucediendo en la Universidad de Puebla, y hasta en la Universidad de Caracas, Venezuela. Es decir, las universidades eran el centro de protesta contra el "status quo." Y ya se estaba rumorando que posiblemente la UPR también fuera cerrada debido a las protestas. Se decía que el gobierno de Fidel Castro estaba financiando a los estudiantes de extrema izquierda.

En el 1970 eran las elecciones para elegir a un nuevo presidente. En México cada presidente tiene un término de 6 años, y no puede ser reelegido. Para colmo el presidente de México que salió electo era Luis Echevarría Álvarez y lo primero que dijo fue que "perseguirá a los estudiantes comunistas que estuvieren en universidades del suelo mexicano, y los pondría detrás de las rejas." Yo me olí que seguirían los problemas estudiantiles en la UNAM por largo tiempo. Un día fui al edificio de rectoría de la UNAM para pedir copias de mis records académico. Por mala suerte no encontraban mis records académico. Yo iba todos los días a ver si aparecían mis records y siempre recibía la misma contestación. Ya yo había terminado los requisitos del doctorado. Lo único que faltaba era obtener la certificación del grado. Un día le dije a mi esposa que se fueran preparando que nos íbamos a mudar para Nuevo México. Después de varias semanas de preparativos un día temprano en la mañana tuve que salir de la capital mexicana con rumbo hacia Nuevo México para por lo menos salvar mi vida.

ESTUDIOS POST GRADUADOS EN NUEVO MEXICO

El viaje de la ciudad de México rumbo a Nuevo México no fue nada de fácil. Primero tuve empacar mis pertenencias y preparar mis documentos oficiales para poder cumplir con las leyes mexicanas para un extranjero residente. El gobierno mexicano vela con mucho celo que cualquier persona que sale del país no esté en el tráfico de drogas, armas, o cualquier otro tipo de contrabando. Por lo tanto, al empacar toda caja o equipo tiene que ir debidamente rotulado. Días más tarde tuve que ir a buscar mi tráiler que se encontraba en un depósito (almacén) en la ciudad de Querétaro. También tuve que traer los hombres que iban a cargar todas mis pertenencias en el tráiler. Después de tener un manifiesto de lo que iba en el tráiler, lo tuve que cerrar. Mi mayor problema con el tráiler era que no tenía rueda de respuesta. Si se ponchaba una llanta entonces me vería obligado a buscar una solución a ese problema.

Un día bien temprano en la mañana mi esposa, mis dos niños y yo salimos de México. Mi camioneta iba halando el tráiler que ahora pesaba más que antes. Como dije antes, el tráfico en la capital federal es muy caótico. Pero ya yo estaba entrenado para afrontar cualquier problema que se me presentara en el camino. El primer problema lo tuve al día siguiente en un pueblito que ni aparece en el mapa. Allí se reventó una llanta del tráiler. Pero fíjese que unas de las cosas que más admiro de los mexicanos es el deseo de ayudar al prójimo. Y la ingenuidad de inventar algo para solucionar el problema. Un señor me dijo que no me apurara pues él tenía el remedio. La solución me costaría $10 dólares. Él se llevó la llanta y le puso lo que ellos llaman "un bigote." Es un proceso de vulcanización del material de la llanta con un pedazo de otra llanta vieja. Es un proceso muy genial, y el resultado fue que me resolvió el problema. También me dijo que él tenía una llanta de un vehículo agrícola que lo podía modificar para que lo usara como una "repuesta." Eso me costó $10 dólares y tuve que esperar 4 horas. Decidí quedarme en un pequeño hotel. Pero ellos me dijeron que en aquel pueblito no existen los hoteles. El señor me dijo que me podía quedar en su casa en un cuarto que tenían para los niños. Me dijo que no me iba a cobrar por quedarme. Pero no me podía ofrecer desayuno ni había baños para bañarse. Para no complicar la situación ni le pregunte donde ellos se bañaban. Cuando uno está en uno de esos pueblitos mexicanos uno se tiene que amoldar a lo que venga.

Al otro día seguimos nuestro camino cruzando de nuevo por la república mexicana, pero esta vez el camino sería distinto al que usamos para entrar a la república. Mi meta era llegar a El Paso, Texas. Para llegar ahí tuve que coger otra ruta para salir de México por la ciudad de Juárez que conecta con El Paso, Texas. Eso quiere decir que al llegar a San Luis Potosí, tuve que dirigirme hasta llegar a Torreón. Luego de allí seguí hasta llegar a Chihuahua. En Chihuahua me quede todo un día porque quería ir a ver a la viuda de Pancho Villa. La señora todavía vivía y tenía el carro donde acribillaron a Pancho Villa estacionado frente a su casa. Me dio una profunda nostalgia al ver a la pobre viuda y pensar todo el sufrimiento que se veía plenamente en su cara. Los turistas que visitaban su casa siempre le regalaban dinero. Por lo tanto, yo le regale $60 dólares, que para ese tiempo era una gran cantidad de dinero. También tome fotografías de ella y del carro acribillado a balazos y las manchas de sangre que todavía se podían distinguir. Allí también compre artesanías y otros recuerdos del área norte de México. Me llamaba mucho la atención La cordillera Sierra Madre que es una cordillera de montañas que corre de Norte a Sur desde Nogales hasta Guadalajara. Esas montañas son impresionantes. Las montañitas de Puerto Rico se quedan diminutas en comparación. También en esa ruta pude apreciar el desierto de México. Se ven muchos Nopales y la mata del maguey dónde sacan la famosa bebida del Pulque. Me pare en un negocio donde me tome un vaso de Pulque. Esa bebida es embriagante pero como yo era joven pude tolerar el estado de embriaguez que me dio. Usted puede estar guiando por horas y yo no veía a ninguna gente en el camino. Eso me daba miedo porque yo andaba con mi esposa y los dos niños y el pulque me estaba trabajando. Pero curiosamente tuve que hacer una parada porque el motor de mi camioneta se calentó subiendo una cuesta. Mire alrededor y no veía a nadie. Pero de pronto fueron apareciendo gentes vendiéndome artesanía y un niño me estaba vendiendo un águila cuyas alas median como 5 pies de punta a punta. Claro yo no podía comprar el águila porque era imposible tenerla en cautiverio. Decidí tomar unas cuantas fotos del niño con su águila y le regale un dólar. Debo decir que aquel niño veía el dólar como si fueran 100 dólares. Su mama y papa estaban bien contentos y yo por poco lloro frente a ellos. Después que me aleje del lugar corrían lágrimas por mis mejillas. Qué triste es ver la miseria que vivian esas gentes en esa área. Ahora es que pude entender la razón de las "espaldas mojadas." La gente del norte de México sueña con venir a Estados Unidos. La frontera entre México y los Estados Unidos es un flujo continuo de gentes como estas. Desde el siglo pasado ese problema siempre ha existido. El flujo puede disminuir o aumentar en cualquier momento. No hay forma de parar ese fenómeno. Porque el flujo de ilegales comienza desde Sur América. El movimiento de ilegales es continuo y uno lo ve cuando uno llega a la frontera.

La frontera entre Estados Unidos y México es bastante amplia. Corre de este a oeste desde las ciudades Brownsville, Texas y Matamoros, Tamaulipas. Esta también una entre San Diego, California y Tijuana, Baja California. Corre a lo largo del Rio Bravo, que en Estados Unidos le llaman Rio Grande. También existen grandes desiertos entre Sonora y Chihuahua. En ese tramo corre el Rio Colorado. Mi objetivo era cruzar la frontera por la ciudad de Juárez. Para mi mayor sorpresa los policías de la aduana no me dieron mucho problema. La aduana tiene mayor interés en los mexicanos que salen de la república y los extranjeros que entra en la república. El problema mayor era y seguirá siendo cruzar la frontera. El volumen de vehículos, la cantidad de gente a pie, en autobuses, y otros medios de trasportación es increíble. En cualquier hora del día o de la noche la frontera es una cosa increíble. Hay que tener mucha paciencia y el motor de su vehículo no se puede sobrecalentar y también tiene que tener bastante gasolina. Como dije antes la policía de la aduana tiene mayor interés en los mexicanos que salen del país.

Entrar a los Estados Unidos no es tan fácil. La policía fronteriza de Estados Unidos está equipada hasta los dientes con el equipo más sofisticado que usted pueda imaginar. Como yo soy ciudadano americano en realidad no tuve mucho problema entrar de nuevo a los Estados Unidos. Cuando llegue al Paso, Texas, estaba ansioso de comerme un buen "Hamburger." Entramos a un McDonald y comimos hasta más no poder. Salimos muy contentos del Paso, Texas y cuando estábamos llegando a Las Cruces, Nuevo México, entonces tanto mi esposa como yo nos entró unas diarreas que por poco nos morimos. Entonces yo le dije a mi esposa "Esta es la venganza de Gringolandia." Ya estábamos tan acostumbrados a comer comida mexicana que el estómago empezó a rechazar la comida norteamericana. Fuimos a un hospital y nos dieron la medicina correcta para parar la diarrea.

De Las Cruces hasta Albuquerque son como 4 horas de camino pero como yo iba halando un tráiler, pues me tomo más tiempo. Mi objetivo era llegar hasta un hotel y poder descansar y desconectar el tráiler de mi camioneta. Todavía las tablillas de mi camioneta eran las originales de Puerto Rico. Mi licencia de conducir también era la de Puerto Rico. Por lo tanto, era prioridad obtener las tablillas de Nuevo México y la licencia de conducir de Nuevo México. Luego varios días más tarde fui a la Universidad de Nuevo México para hacer el papeleo necesario para matricularme en la universidad. Eso no fue mucho problema. A mí me recibieron como Pedro por su casa. Mi ventaja era que yo hablaba, escribía y leía ingles desde que yo era niño.

Mi otro objetivo era conseguir una casa o un apartamento para vivir. La universidad tenía una oficina que ayudaba a uno a conseguir vivienda y como yo tenía dinero me fue fácil conseguir un apartamento que fuera de nuestro agrado. Conseguí un apartamento no muy lejos de la universidad y que estaba bien localizado. Quedaba cerca de la entrada de la base aérea de Albuquerque. Una vez que estamos instalados en nuestro nuevo albergue mi misión era proseguir mis estudios post-graduados. Por suerte el Departamento de Física estaba combinado con Astronomía. Ya yo había enseñado astronomía en la Universidad de Puerto Rico, por lo tanto, estaba familiarizado con todo lo que tenía que ver con Astronomía. Se me olvido decirles que cuando yo era profesor de Física en la Universidad de Puerto Rico, se estaba inaugurando el observatorio de Arecibo que oficialmente se llama "Arecibo Ionospheric Observatorio." Ese observatorio queda en el barrio Esperanza de Arecibo y en el 1960 yo había estado allí para ver las facilidades y también decidir si iba a estudiar los fenómenos astronómicos que el observatorio quería hacer. Debo de indicar que en aquel tiempo la mayor prioridad del observatorio era ver si existía vida o seres inteligentes en el espacio. El observatorio era realmente un oído inmenso que estaba escuchando el universo buscando vida inteligible. A mí eso me parecía una cosa de poco interés y por lo tanto perdí el interés en trabajar en el observatorio. En aquella época viajar de Rio Piedras hasta Arecibo era un trayecto de varias horas. La carretera de Arecibo al Observatorio era guiar en un camino bien estrecho y pedregoso. El viaje no me gustaba y eso también fue otro factor. Sin embargo ahora volvía tener la tentación de estudiar a fondo la astronomía.

Mi esposa se quejaba de que se sentía muy sola debido a que no conocíamos a ningún puertorriqueño en ese sitio. Por lo tanto, mi nueva misión era buscar donde comprar los ingredientes de la cocina puertorriqueña. Yo no conocía a nadie. Fui a la oficina de Estudios Graduados y allí me dieron tres nombres de puertorriqueños que vivían en Albuquerque, entre ellos había uno que estaba estudiando el doctorado en español. De esa forma fue que pude conocer a Héctor y su esposa que era de ascendencia mexicana. Héctor era veterano de la Fuerza Aérea y salió que conoció a mi hermano Manuel quien también fue miembro de la fuerza aérea. Luego Héctor me presento al resto de boricuas que estaban viviendo en Albuquerque. Todos los puertorriqueños que estaban estacionados en la base área de Alburquerque se convirtieron en mis amigos. Mi esposa también conoció al grupo en especial a las esposas de esa gente. Los boricuas se reunían todos los sábados en casas distintas. Nos rotábamos, es decir, unas veces nos reuníamos en casa de Casillas, otras veces en la casa de Miguel, etc. Etc. Quisiera tomar un poquito de tiempo para describir a Nuevo México para aquellos que no lo conocen.

Nuevo México es un estado del suroeste de los Estados Unidos de América y su capital es Santa Fe. Limita al norte con el estado de Colorado, al noreste con el estado de Oklahoma, al este y sureste con el estado de Texas, al suroeste con los estados de Chihuahua y Sonora (México), al oeste con el estado de Arizona y al noroeste con el estado de Utah. Ahí se unen cuatro estados que se denominan Estados de las Cuatro Esquinas.

En la época de la conquista de México por los españoles el territorio incluía todos los estados al norte del Rio Bravo, es decir, lo que hoy día es; California, Texas, Arizona, Nuevo México, Nevada, Utah y Colorado. El nombre de todo México era LA NUEVA ESPAÑA, pero luego se dividió en dos territorios. La parte al norte del Rio Bravo tenía una capital que era Santa Fe. La capital de la parte sur del Rio Bravo, era Ciudad México. Es decir, Santa Fe es la capital más vieja del nuevo mundo, porque aun hoy día sigue siendo capital del estado de Nuevo México. En el 1912 Nuevo México fue aceptado en la unión americana. En este estado han existido por cientos de años tres culturas; los indios, los mexicanos del tiempo antes de la guerra entre Estados Unidos y México, y los invasores norteamericanos que ganaron la guerra contra el general Santa Ana quien era el presidente de México durante ese tiempo.

Estas tres culturas han coexistido armoniosamente hasta la fecha en que yo pise aquellas tierras.

Nuevo México es el estado con mayor población hispana e indígena dentro de los Estados Unidos. Los elementos de su historia y su geografía hacen que este estado sea hoy una mezcla diferente al resto de los Estados Unidos. El paisaje y el clima, la arquitectura tradicional del adobe, las tradiciones familiares, la cocina y otras manifestaciones culturales, han atraído a lo largo de las últimas décadas a artistas, escritores, intelectuales y por supuesto a los hippies que han ido aportando aún más a este estado rico en cultura e historia. Desgraciadamente yo no puedo describirlo todo porque tomaría varios libros para entrar en muchos detalles de esta gran tierra norteamericana.

Poco a poco fui conociendo mejor el nuevo ambiente que me rodeaba. Yo tuve la suerte que me asignaron una oficina en el departamento de Física, lo cual quería decir, que allí podía establecer mi centro de acción no tan solo para tener un sitio de estudio donde nadie me molestara, sino que tenía todos los servicios que ofrece la universidad a sus estudiantes graduados. Y como si esto fuera poco también me asignaron un escritorio dentro de la biblioteca general de la universidad. Cuando yo iba hacer trabajos de investigación en la biblioteca, tenía todo a la mano y un escritorio en el último piso de la biblioteca. Allí podía estar largas horas estudiando y nadie me molestaba. Todas estas facilidades que me fueron ofrecidas me ayudo mucho en acelerar mis estudios.

Desde que llegue en el 1972 hasta el 1974 fue un tiempo de estudios intensivos no tan solo en Física sino también en Astronomía. También el jefe del departamento de física me hizo un nombramiento de asistente de laboratorios. Eso era otro ingreso que yo tenía. No era mucho pero me ayudaba a pagar la renta de mi casa. Yo vivía cerca de la casa de unos de mis profesores, es decir, vivía en un sitio muy decente en la de ciudad de Albuquerque. Detrás de mi casa quedaban las montañas de Sandia. Ya no tenía que vivir hacinado en un apartamento. Mis amigos boricuas siempre me llamaban cuando había fiesta. Las navidades siempre asábamos un lechón y hacíamos pasteles y morcillitas fritas. También en las navidades había baile el 24 y el fin de año. Realmente la pasamos bien. Lo único que no podíamos parrandear debido a la nieve.

Yo estaba escribiendo una tesis doctoral en la Física de la Alta Atmosfera. Estaba estudiando el origen del fenómeno que comúnmente se conoce como AUREOLA BOREALIS o Luces del Norte. El fenómeno es más común en los polos de la tierra, es decir, en el polo norte o en el polo sur. Aunque puede aparecer en otras partes del mundo por cortos períodos de tiempo. En el hemisferio norte se conoce como **aurora boreal**, y en el hemisferio sur se conoce como **aurora austral**, cuyo nombre proviene de Aurora que es la diosa romana del atardecer, y de la palabra griega Bóreas, que significa norte; debido a que en Europa comúnmente aparece en el horizonte con un tono rojizo, como si el sol emergiera de una dirección inusual. Mi compañero que vivía en Alaska tomaba las fotografías desde enero hasta marzo que era cuando el fenómeno se veía mucho mejor. Yo estaba encargado de hacer el análisis de las fotografías. A veces, un avión de la NASA tomaba las fotografías y eran enviadas a mi laboratorio y yo las analizaba. Existe una rama de la ciencia que se llama "fotogrametría" que básicamente es estudiar una fotografía que es realmente un plano de dos dimensiones y el problema es transformarlo a una fotografía solida de tres dimensiones y en esa forma uno puede predecir lo que uno está viendo. Esto envuelve unas transformaciones matemáticas las cuales no las puedo discutir aquí porque no son el objetivo de este libro. Son muy pocas las personas que dominan este proceso y yo me convertí en uno de ellos. Aunque no puedo explicar aquí los detalles porque ese no es el objetivo de este libro, si puedo darles un ejemplo. Un avión vuela sobre Cuba y toma miles de fotografías. Luego las fotografías son analizadas por los expertos en la materia y de esa forma el presidente Kennedy tuvo la prueba contundente que los rusos estaban erigiendo plataformas de lanzamiento de cohetes en Cuba. De ahí surge la crisis entre Cuba y Estados Unidos y el resto es historia. Ese proceso es realmente bien importante para las aplicaciones militares. Todos los días varios aviones y satélites toman fotografías del terreno enemigo y cuando se estudian las fotografías uno puede deducir lo que está ocurriendo.

Debido a mi experiencia en muchas cosas dentro del campo de la Física, fue que unos de mis profesores quien hiso los contactos para que yo fuera a trabajar a Los "Alamos Scientific Laboratories." Por lo tanto, en el verano del 1974 empecé a trabajar como estudiante graduado en estos famosos históricos laboratorios.

EL LABORATORIO LOS ALAMOS EN NUEVO MEXICO

Primero un poquito de historia. A principios del 1940 se empezó a trabajar en los principios de la energía nuclear. Tanto los científicos alemanes, rusos y los de Estados Unidos estaban haciendo estudios del proceso que se conoce como "fisión del átomo." La fisión del átomo es el proceso indispensable para desarrollar una bomba atómica. Los Álamos queda a unas horas de Santa Fe y para llegar a este sitio hay que dirigirse por una carretera angosta (por los menos en aquel tiempo) y con muchos riscos a un lado de la carretera hasta llegar al medio de un bosque donde están ubicados los laboratorios. El sitio está bastante incomunicado con el resto de los pueblos circundantes. Ya ellos me había hechos los arreglos para que mi esposa y mis dos niños vivieran en los apartamentos que se construyeron en el 1940. Esos apartamentos eran de madera y tenían dos pisos. Mi apartamento quedaba en el primer piso y estaba completamente amueblado excepto por cosas que se consideran personales. Ejemplos; la losa de cocina, la ropa de cama, etc., etc. Mis niños llevaron todos sus juguetes y realmente el apartamento era cómodo. El único inconveniente era que por las noches la persona que vivía encima de mí se pasaba caminando y el techo temblaba bajo el peso de esa persona. Yo me queje a la administración entonces el problema era mucho menor.

Claro, yo no puedo hablar de los detalles que hice allí. Solo puedo decir que allí se llevan a cabo proyectos de investigación en muchas ramas de la física. Muchas de las aplicaciones son para uso doméstico y otras aplicaciones son para usos militares. Por ejemplo; allí se estaba estudiando el diseño de vehículos que no usaban gasolina, bien fuera de baterías avanzadas o de otras formas de energía. El equipo del laboratorio era bastante avanzado. Allí fue que empecé a especializarme en computadoras y los lenguajes de programación de computadoras. Allí aprendí a escribir programas en Fortran, Pascal, Cobol, y el lenguaje que se llama "machine language." Allí también conocí muchos Físicos y matemáticos que habían ganado el premio Nobel de Física o Matemática.

Aprendí también algo que nunca había visto. Algunos científicos jugaban un juego los fines de semana que se llamaba "key club." Las parejas intercambiaban sus conyugues. Cuando un científico vino donde mi para preguntarme si yo quería entrar al club yo le dije; "Yo no comparto mi mujer con nadie." El resultado fue que nunca me permitieron entrar al club. Pero eso era nada más que en los fines de semanas, pues, allí de lo contrario la vida es muy aburrida. El pueblo más cercano era Santa Fe, y guiar de noche de Santa Fe a Los Álamos se consideraba un suicidio.

También me entere que el suicidio allí era más alto que lo normal. Nunca comprendí cual era la razón del alza del suicidio. Yo creo que la mayor razón es que cuando uno vive en un sitio aislado, uno pierde el contacto con la realidad. Mi compañero que tomaba las fotografías que yo analizaba vivía 3 meses en Alaska y me decía que en el invierno la noche dura hasta 20 horas y el sol sale solo por cuatro horas. En el verano es al revés, el día dura hasta 20 horas y la noche dura solo 4 horas. En Alaska el uso de alcohol iba acompañado con el alza del suicidio. También en las reservaciones de los indios en Nuevo México, el alcohol y el suicidio van a la par. En las reservaciones de los indios Apaches, Jicarillas y algunas otras tribus también el suicidio y el alcohol es lo que más mata a la gente. Mi teoría es que el ocio conduce al alcohol y el alcohol conduce al suicidio en estos grupos. Existen también otras teorías. No sé cuál teoría tiene usted.

Al final del verano del 1974 termino mi trabajo en Los Álamos. El último día me dieron una despedida como si yo fuera un rey. Me dieron varios regalos y mi jefe me pidió que me esperara el año que viene. Me aleje de aquel lugar y quizás fue mejor no volver porque en el verano del 1975 ocurrió algo más interesante. Sin embargo, lo que aprendí allí me iba ayudar en mi futuro que era lo que precisamente quería mi mentor.

LOS INDIOS APACHES Y OTRAS TRIBUS

Cuando yo era niño me gustaba ir a ver las películas de vaqueros y las mayorías de estas películas pintaban a los indios como los villanos de la película. Ahora yo estaba viviendo en la región de los indios apaches. Por suerte uno de mis compañeros de estudios se llamaba Jesús Algodones quien era miembro de la tribu de los Apaches Mezcaleros. Yo le pedí de favor que me llevara a su reservación para yo conocer de cerca su cultura. Él me dijo que para ir se necesitaba un vehículo con tracción en las cuatro ruedas. Yo le dije que yo era dueño de una camioneta GMC JIMMY 4x4. Así que un día me llevo a una fiesta cultural que tenía su tribu y yo iba como su huésped. Yo me quedé asombrado con la cantidad de tribus que existían en la región. En el punto donde se une los 4 estados existe una de las áreas más importantes. Existían y yo creo que todavía existen las siguientes tribus en esa área; Navajos, Jicarillas Apache, Comanches, Pueblos, Zuni, Chiricahua, Mimbreno Apache, Mescalero Apache, Jocome, Jano, y Suma. En este libro yo no tengo espacio para hablar de todos ellos. Solo hablare de lo que yo vi.

Los Indios Apaches realmente viven en los estados de Arizona, Nuevo México, y Texas. Todavía ellos conservan su propio idioma que se dividen en dos, Apache-este, y Apache-Oeste. Es como el francés y el español, los idiomas están relacionados pero los que habla un idioma no entienden a los que habla es otro idioma. Hay un tercer idioma que los hablan los Navajos y los Apache-oeste. Lo más que me llamo la atención es el uso del alcohol y la pobreza. Existe un dolor profundo en sus almas al ver que los norteamericanos le arrebataron sus tierras y fueron arrinconados en cuatro rincones de 4 estados. Esa huella pasa de generación en generación.

Los indios Navajos tienen un solo idioma que es hablado solo entre ellos. Yo diría que son los indios más ricos de todas las tribus. Controlan grandes negocios en el área. Tienen bastante dinero y viven la mayoría cómodamente. En la época que yo visite la reservación había más de 150,000 indios navajos viviendo en la reservación. También sus líderes son respetados por la mayoría de la tribu y ellos tratan de no envolverse en problemas con el hombre blanco. Yo diría que existen más indios navajos que cualquier otra tribu en los Estados Unidos.

Los indios Pueblo están localizados en Nuevo México y Arizona. Y se subdividen en varios grupos de indios que tiene una descendencia común. Cada grupo tiene su propio dialecto. Los que yo visite fueron los siguientes; Acoma, Cochiti, Laguna, San Felipe, Santa Ana, Santo Domingo, y los Zia. Pero también existen los siguientes grupos; Isleta, Jemez, Nambe, Picuris, Pojoaque, Sandia, San Ildefonso, San Juan, Santa Clara, Taos, Tesuque, y Tigua/Ysleta. Es importante recordar que los colonizadores españoles estuvieron en esta área antes que los norteamericanos, por lo tanto, todas esas tribus y grupos de indios tienen nombres en español y todavía muchos hablan español. Eso lo comprobé porque yo les hablaba en español y muchos de ellos me entendían. Por lo tanto, estos indios son poliglotas. Lo más sorprendente es que a veces yo creía estar en Teotihuacán porque muchos de esos grupos son descendientes de los indios azteca quienes vivían antiguamente en esa época antes de llegar los españoles. Existen dos grupos que se conocen como los Hopis y los Uto-Aztecas y su lengua está relacionada con la Nahuatl que hablaban los aztecas. Lo triste de todo esto es que para el norteamericano común y corriente estas tribus y grupos son invisibles. Si usted estudia la historia de las relaciones entre las tribus y el gobierno de Washington, vera las injusticias que cometieron contra los indios. No tan solo les robaron las tierras y mataron mujeres y niños inofensivos, sino que los pusieron en lo que se llaman "reservaciones". Pero hoy día la solución al problema no es fácil de resolver. Por esa razón yo les llamo "los invisibles." Lo que relato no me lo invente yo, sino que está escrito en la historia de las guerras entre las tribus indias y los nuevos colonizadores en su mayoría de raza anglosajona. Como dije antes, en las películas de Hollywood el indio es el villano.

ESTUDIO DE LA ATMOSFERA TERRESTRE

Después de mi regreso de Los Alamos continúe trabajando en mi tesis doctoral del fenómeno de Aurora Borealis. Fue entonces que se me acerco otro profesor que me dijo que la "National Institute of Health" estaba buscando estudiantes graduado de la raza latina para emprender un nuevo programa donde uno se convertía en medico en solo dos años si uno estaba dispuesto a trabajar en El Paso, Texas, en consorcio con el colegio de medicina de la Universidad de Guadalajara en México. La oferta era tentadora pero era tener que volver de nuevo a vivir entre las dos ciudades por corto tiempo. Yo le di las gracias a mi profesor y le dije que ya yo estaba trabajando en una tesis doctoral donde el "sponsor" era la NASA.

Parece que el profesor me dio la mala suerte porque en el 1974-75 sobrevino una crisis de escases de gasolina en los Estados Unidos que por poco paraliza la economía del país. De todas maneras y a pesar de la crisis energética, yo seguí trabajando en el análisis de las fotografías que se tomaban en Alaska y desarrollar una teoría para explicar por medio de la Física, el fenómeno de la Aurora Borealis. Ya yo había terminado con todos los requisitos del doctorado en la Universidad de Nuevo México.

Alrededor de Marzo del 1975 mi profesor que dirigía mi tesis doctoral me dijo que ya había hecho los arreglos para que fuera a trabajar en el verano del 1975 en "Marshall Space Flight Center" (MSFC) en Huntsville, Alabama. Lo que ocurría era que en MSFC había un laboratorio que estaba también estudiando la Física de la Alta Atmosfera y eso me daría oportunidad de trabajar y colaborar con científicos de la NASA en los estudios de la atmosfera terrestre. Para no entrar en detalles científicos o técnicos permítanme decir algo sobre ese tema debido a que esta nueva aventura en Hunstville, Alabama iba a tener un tremendo impacto en mi vida futura. La atmosfera terrestre tiene varias capas que son las siguientes;

La troposfera llega hasta un límite superior (tropopausa) situado a 9 Km de altura en los polos y los 18 km en el ecuador. En ella se producen importantes movimientos verticales y horizontales de las masas de aire (vientos) y hay relativa abundancia de agua. Es la zona de las nubes y los fenómenos climáticos: lluvias, vientos, cambios de temperatura,... y la capa de más interés para la ecología. La temperatura va disminuyendo conforme se va subiendo, hasta llegar a -70ºC en su límite superior.

La **estratosfera** comienza a partir de la tropopausa y llega hasta un límite superior (estratopausa), a 50 km de altitud. La temperatura cambia su tendencia y va aumentando hasta llegar a ser de alrededor de 0ºC en la estratopausa. Casi no hay movimiento en dirección vertical del aire, pero los vientos horizontales llegan a alcanzar frecuentemente los 200 kilómetros por hora, lo que facilita el que cualquier sustancia que llega a la estratosfera se difunda por todo el globo con rapidez. Por ejemplo, esto es lo que ocurre con los CFC que destruyen el ozono. En esta parte de la atmósfera, entre los 30 y los 50 kilómetros, se encuentra el ozono, importante porque absorbe las dañinas radiaciones solares.

La **mesosfera**, que se extiende entre los 50 y 80 km de altura, contiene sólo cerca del 0,1% de la masa total del aire. Es importante por la ionización y las reacciones químicas que ocurren en ella. La disminución de la temperatura combinada con la baja densidad del aire en la mesosfera determina la formación de turbulencias y ondas atmosféricas que actúan a escalas espaciales y temporales muy grandes. La mesosfera es la región donde las naves espaciales que vuelven a la Tierra empiezan a notar la estructura de los vientos de fondo, y no sólo el freno aerodinámico.

La **ionosfera** se extiende desde una altura de casi 80 kilómetros sobre la superficie terrestre hasta 640 kilómetros o más. A estas distancias, el aire está enrarecido en extremo.

Cuando las partículas de la atmósfera experimentan una ionización por radiación ultravioleta, tienden a permanecer ionizadas debido a las mínimas colisiones que se producen entre los iones. La ionosfera tiene una gran influencia sobre la propagación de las señales de radio. Una parte de la energía radiada por un transmisor hacia la ionosfera es absorbida por el aire ionizado y otra es refractada, o desviada, de nuevo hacia la superficie de la Tierra. Este último efecto permite la recepción de señales de radio a distancias muchos mayores de lo que sería posible con ondas que viajan por la superficie terrestre. La región que hay más allá de la ionosfera recibe el nombre de **exosfera** y se extiende hasta los 9.600 kilómetros, lo que constituye el límite exterior de la atmósfera. Más allá se extiende la **magnetosfera**, espacio situado alrededor de la Tierra en el cual, el campo magnético del planeta domina sobre el campo magnético del medio interplanetario.

En ese tiempo no se sabía a ciencia cierta lo que causaba las Aurora Boreales. Para poder hacer eso había que trasladarse a Huntsville, Alabama. Yo estuve trabajando en un laboratorio de Huntsville en el verano del 1975. Yo estaba viviendo solo. Mi esposa y los niños se quedaron en Albuquerque. En aquel tiempo Hunstville era una ciudad pequeña cerca con la frontera con el estado de Tennessee. Durante los fines de semana me iba en mi camioneta a explorar el área. Estuve en la casa de Elvis Presley que realmente era donde él vivía antes de morir. La casa luego la convirtieron en un museo y allí uno podía estar dos y tres días viendo toda la memorable de Elvis. También en Memphis, había un área que le llamaba "the painters alley." Ese sitio era donde se reunían los hippies y los intelectuales y había muchas barras y también se veían shows en vivo de la música que se conoce como "country music." Allí fue que yo aprendí apreciar ese tipo de música y de sus famosos artistas. También fui a un sitio que le llamaban "grand ophra" que realmente era una casona bien grande donde tenían un escenario inmenso y allí se presentaba lo máximo de la música "country music." Allí fue que vi un show en vivo de Johnny Cash. Ese sitio era bien concurrido. Por lo tanto los fines de semana había mucho que hacer.

La base militar que se conoce como "Redstone Arsenal" es grande y tiene que ser yo cuantas millas cuadradas y dentro de esa base existen muchos laboratorios. También allí está el centro espacial que se conoce como "Marshall Space Flight Center" (MSFC). Allí estuve hasta fines de julio del 1975 y entonces regrese a Albuquerque.

MI ENCUENTRO CON EL DR. WERNER VON BRAUN

Cuando regrese recibí tremenda sorpresa. La Universidad Autónoma de México (UNAM) había encontrado todos mis documentos de estudiantes y me decían que la UNAM me había otorgado el grado de Doctor En Física. Pero no me podían enviar el diploma por correo. Yo tenía que ir personalmente con los documentos que certificaban quien yo era. Eso se sobreentiende, no le van a dar mi diploma a un farsante. Por lo tanto, tuve que volar a la ciudad de México para buscar el diploma. Por suerte uno de mis profesores mexicanos, el Doctor Andrade me ofreció hospedaje en su casa. De hecho cuando llegue a México, el Dr. Andrade fue a buscarme al aeropuerto y me llevo a su apartamento que era donde él vivía solo. Entonces me entrego las llaves del apartamento y me dijo que él se iba para la casa de sus padres. Fue la primera vez que yo dormía en una cama de agua, es decir, el colchón en vez de tener guano, tenía agua por dentro. Ese tipo de cama era muy famosa en aquella época, pero a mí no me gustaba. Cada vez que me movía parecía que estaba en buque de guerra moviéndose sobre las olas. De todas maneras estuve una semana comiendo comida mexicana y viendo algunos shows de variedades en los teatros de México. Fui a la universidad y después de cumplir con todos los requisitos me entregaron el diploma. Tanto el Dr. Andrade como yo nos emborrachamos para celebrar ese triunfo.

Al otro día tome un autobús que me llevaría de regreso a mi destino final de Albuquerque. Voy aprovechar la ocasión para decirles que yo había viajado muchas veces en autobuses tanto en México como en Estados Unidos. En aquella época había muchas líneas de autobuses desde los que usan los turistas a los que usa la gente obrera. Viajar en autobús es toda una experiencia. Es donde mejor uno conoce a la gente y los lugares del país. Uno se roza con la plebe y uno aprende mucho de ellos. Como dije anteriormente, para los mexicanos, yo era un yucateco, un paisano. Existen muchos Riveras en México. Claro que viajar en los autobuses obreros uno tiene que tener conciencia que en México, no existe eso de capacidad máxima. En estados unidos un autobús no puede llevar gente parada. Todo el mundo tenía que estar sentado. En México, la capacidad máxima es todos los que se pueden acomodar en el autobús. Esto incluye a los que van sentados, los que van parados, y los que van sentados encima del techo. Añada a eso los animalitos, carteras, bultos, que tiene la gente en las manos. Para parar la gente hecha un grito al chofer o tocan en el techo o un puñetazo o taconazo. El problema es bajarse. Si le toca en lo que llaman la cocina, la parte trasera, no es fácil llegar a la puerta. Existen autobuses en México que tienen una puerta delantera y una a cada lado del autobús. Si esto fuera poco, en México existen carreteras que no estaban embreadas y cuando llovía eso era otra experiencia. Mi esposa y mis niños no les gustaba viajar en autobuses. Yo en cambio, me gustaba, porque me daba la oportunidad de estudiar a la gente y sus costumbres. Yo debí de ser un antropólogo en lugar de un físico.

Mi último año en la universidad de Nuevo México no fue fácil debido a que ya yo había terminado los cursos y estaba defendiendo una tesis doctoral. Hay estudiantes que termina la tesis en un año y hay otros que pasan 4 años y todavía no han terminado. Habíamos 4 estudiantes que nos reuníamos a llorar las penas, porque por ejemplo George, mi amigo ya llevaba 4 años, y Fred llevaba tres, ya yo había entrado en mi segundo año, Mi amigo japonés de apellido Chang, se cansó y se fue a trabajar a "Jet Propulsion Laboratories" en California, ganando buen dinero.

Yo fui a mi profesor director de tesis y le hice la pregunta de cuánto tiempo más tenía que defender la tesis y me dijo que aproximadamente 4. Yo le explique a mi profesor que yo también era profesor de física en la universidad de Puerto Rico y ya había estado 5 años fuera del país y yo quería reintegrarme a mi cátedra en la UPR en agosto del 1976. Mi último semestre en Albuquerque terminaba en mayo y de ahí hasta Agosto o yo estaba por mi cuenta. Ya mis ahorros se habían acabado y yo preveía que no podía quedarme en Nuevo México. Él me dijo que iba a ver lo que él podía hacer por mí para ayudarme económicamente. (El profesor no sabía que ya yo tenía el grado de doctor de la UNAM). Entonces un día mi profesor de tesis me llamo a su oficina para darme la buena noticia que me había conseguido un trabajo para trabajar como estudiante graduado en la NASA en el verano del 1976. Bueno eso resolvía mi problema y me acercaba más a la parte este de los Estados Unidos. Ya mi camioneta y yo estábamos cansados de viajar por tanto tiempo.

Debo de señalar antes que nada, que la gran influencia que gozo en un tiempo el Ku Klux Klan (KKK) se estaba desvaneciendo. Desgraciadamente yo estaba solo en un pueblo que se distinguía por el racismo. Cuna del KKK y todavía se veía en el pueblo de Huntsville los letreros que decían "whites only." Había sitios que si uno era de la raza negra uno no podía entrar. Yo como era blanco entraba sin problema. Como hablaba el inglés con el acento alemán la gente en lugar de mirarme con dejadez me miraban con admiración. Pero yo vi a gentes que tenían títulos de abogados y médicos negros que no podían entrar a esos sitios. También la transportación publica como autobuses y trenes estaban todavía desagregados. El gobernador de Alabama había sido un defensor incansable de la raza blanca. De hecho, lo hirieron malamente por ser un portavoz del discrimen racial. Para que entendieran mejor por los problemas que yo me enfrente en Alabama tengo que decir lo siguiente.

El gobernador George Wallace se paró el 11 de junio de 1963 enfrente del Auditorio Foster de la universidad de Alabama, Estados Unidos, para detener la entrada de unos estudiantes negros a ese lugar. En ese año las cosas en Alabama estaban bien calientes. La lucha del discrimen racial era cada vez más intensiva y alcanzo las noticias de los más grande rotativos del país. George Wallace uso el tema de la segregación como un instrumento político para salir de nuevo gobernador. El se paro en la entrada del auditorio para detener que entraran estudiantes negros.

Durante su campaña del 1968 el tema de segregación llego a un punto culminante. Durante unas de sus presentaciones políticas sonó un disparo y el gobernador cayó casi mortalmente herido en el suelo. Luego del intento de su asesinato los doctores lograron salvar su vida. El gobernador quedo paralizado de la cintura para abajo. La bala calibre 38 se quedó alojada en la espina dorsal. Sin embargo, no fue un negro el que hizo el disparo. El disparo lo hizo un joven blanco de unos veinte años de edad. ¡Qué cosa más grande! La violencia era la orden del día en aquellos años 60. El presidente John F. Kennedy murió en los 60. En la campaña presidencial del 1968 murieron también, Martin Luther King y Robert F. Kennedy.

Donde quiera que yo iba, bien fuera la Universidad de Puerto Rico, la Universidad de Columbia, la Universidad Nacional Autónoma de México, y ahora me esperaba quizás lo peor. Pero yo nunca cogí miedo, yo seguía luchando hacia adelante hasta vencer.

En mayo del 1976 llegue de nuevo a Huntsville, Alabama, pero esta vez yo iba a trabajar y ganar dinero aunque fuera por tres meses. Yo recibí las ordenes de presentarme a las oficinas del Dr. Werner Von Braun porque él era el director del centro espacial. Yo no tenía la mínima idea quien era este señor. En esa época mi ingles era lo que llaman "broken English." Cuando me presente a las oficinas del director del centro espacial el Dr. Von Braun me pregunto que si yo me había cambiado el nombre. Yo le dije que sí, que en mi acta de nacimiento aparezco como Juan Rivera Díaz, pero que mi papa me inscribió en la iglesia católica y en la fe de bautismo me inscribió como Juan Pedro Rivera, pero que había gente que me conocían como Pedro Juan otros por Pedro otros por Juan. Mi mama y mis hermanas y hermanos me llamaban PERIN. Entonces él me pregunto si yo era alemán. Yo le dije que NO. Que yo era puertorriqueño. El me dijo que no parecía puertorriqueño, que yo podía pasar como alemán en Huntsville porque yo hablaba ingles con acento alemán. Me dijo que si alguien me preguntaba en el pueblo que dijera que era alemán porque yo no me parezco a los puertorriqueños. Entonces me dijo que fuera al Sr. X y le enseñará mis papeles que ya ellos me estaban esperando.

Casi todo los días a la hora del "lunch" yo me sentaba con los alemanes porque hasta esa fecha yo no conocía a nadie en Huntsville. Además yo había dejado a mi esposa en Albuquerque y vivía en un cuarto alquilado en el pueblo de Huntsville. Mis planes en esa época era trabajar en Huntsville y ver lo que haría al final del verano.

Como Von Braun era el director del centro y en su oficina lo que había eran la mayoría alemanes, fue entonces que yo me interese en estudiar por mi cuenta la ciencia espacial. La biblioteca de la NASA es una de las mejores del mundo y yo tenía acceso a todo lo que se me antojara. Estudie los trabajos que Werner Von Braun había hecho en la Alemania de Hitler. Estudie a fondo todo lo relacionado con cohetería. El desarrollo de los motores a propulsión. La química y la física de los combustibles que se usaban en los cohetes. Los distintos tipos de cohetes y misiles que habían desarrollado los alemanes en la época de Hitler. Estudie también los motores de propulsión a chorro. En fin me pasaba horas enteras en la biblioteca estudiando tantos cohetes que ya yo parecía un cohete.

LA CIENCIA DE LOS COHETES Y MISILES

Después de hablar con el Dr. Werner Von Braun entonces comencé a tener más interés por la ciencia de cohetes. Como yo soy físico entiendo todos los principios de la ciencia que básicamente está basado en la tercera ley de Newton que se conoce como la ley de acción y reacción. Este concepto yo lo había enseñado tanta veces a mis discípulos. Para los que no conozcan esta ley voy a tratar de explicarla en un lenguaje sencillo. La ley dice "Para cada acción existe una reacción igual en magnitud y opuesta en dirección." Si usted coge un globo y lo llena de aire hasta un máximo y luego lo suelta, el globo vuela en una dirección y el aire sale en la dirección opuesta.

Al otro día hice un cohete rudimentario usando dos botellas plásticas de un litro de capacidad de agua de soda de las que la venden en los supermercados. Corte las dos botellas por la mitad y luego uní las dos partes que forman un cono de suerte que el aparato resultante tiene dos conos en cada extremo. En un extremo le puse un corcho para que no se saliera el agua por lo pronto. En el otro extremo llene el aparato de agua y le puse aire a presión. Cuando la presión llega a un máximo el corcho vuela y el cohete sale disparado. Claro todo este experimento lo hice en un parque de pelota.

Esto lo hice en el 1976, un año antes de él morir. Luego que llegue a Huntsville, Alabama. En realidad lo que hice fue un cohete de agua. Yo no puedo explicar todos los detalles en este libro pero básicamente la botella viene siendo el cohete que viene impulsado por presión de agua. Es fácil de construir este cohete de agua, yo me divertí mucho. Los cohetes de agua funcionan bajo los mismos principios que los cohetes que usaban la NASA y el ejército. La idea es generar presión dentro de la botella introduciendo aire a presión. Yo use una bomba de bicicleta de las que se usaban para echarle aire a la llanta de una bicicleta. Una semana después fui al Dr. Von Braun y le enseñe mi COHETE DE AGUA y estuvo riéndose por largo rato. Entonces me dio unas ideas para hacer un cohete usando una fórmula de combustible cuyos ingredientes eran fáciles de conseguir en el mercado. Ese día note que su salud iba decayendo. Después de ese día nunca lo volví a ver.

Cada día fui perfeccionando mi cohete de agua, pero un día decidí ver si podía hacer un cohete usando un combustible mejor. Claro yo no puedo divulgar como lo hice pero un cohete es sencillamente un vehículo o una nave espacial que genera su empuje por la reacción de la expulsión rápida de gases de combustión. Por lo tanto, tiene que haber algo que se encargue de levantar la presión de estos gases y que la combustión sea controlada, de lo contrario explota. Un misil realmente es otro tipo de cohete que tiene una misión predeterminada. Por lo general los misiles tienen que tener un sistema que los guie al blanco.

Es decir, que de la noche a la mañana y como resultado de mi tenacidad y mis conocimientos aprendí por mi propia cuenta la ciencia de la cohetería. Cuando hablaba con los alemanes siempre me daban ideas o trucos que no se aprenden en los libros. Existen distintos tipos de combustible. Unos combustibles son sólidos y otros son líquidos. La ciencia de la cohetería es bastante complicada porque todo tiene que estar bien controlado de lo contrario ocurre una explosión o el cohete vuela en una dirección equivocada. Existen cohetes que son guiados hacia el blanco por cierta tecnología. En resumen; los cohetes, los misiles militares, los motores a propulsión a chorro, los motores jets, y otras variaciones tienen el mismo principio de la Física de Newton.

Mientras estuve en lo que llamaban REDSTONE ARSENAL en Huntsville, Alabama estuve envuelto en la ciencia de la cohetería en una forma u otra, y sería el factor determinante para mi carrera como científico por los próximos 30 años de mi vida que lo podrán aprender cuando continúen leyendo este interesante libro.

Depuse de aprender y hacerme un científico de cohetes entonces aprendí el resto de distintos tipos de cohetes que se habían desarrollado en aquella época, especialmente en el Programa Apolo. A continuación hare un breve recuento histórico de la ciencia de los cohetes.

Un cohete es realmente un proyectil cuyo alcance uno lo puede variar a su antojo. En la guerra antigua se usaban cañones cuyo alcance eran de quizás una milla, pero luego se desarrollaron proyectiles cuyo alcance era de varias millas. Si uno sigue aumentando el alcance de un cohete para que cada vez vuele más lejos llegara un punto en que el alcance del proyectil sea la circunferencia de la tierra. En este caso uno dispara un cohete y después de quizás varias horas ese cohete le da la vuelta al mundo y puede matar al que lo disparo. Por lo tanto, de ahí viene la idea de un proyectil que pueda ponerse en órbita alrededor de la tierra. Lo cierto fue que sin darme cuenta me hice experto en cohetes y mi vida tomo otro rumbo. Quiere decir que todo lo que aprendí en mi carrera de Físico desde la Universidad de Puerto Rico, y en la Universidad Nacional Autónoma de México, y en la Universidad de Nuevo Méjico, repito, todo eso convergió en mi posición como científico de la NASA.

El precursor de los cohetes realmente está basado en el descubrimiento de la pólvora por los antiguos alquimistas chinos. Cuando yo era niño veía como disparaban los fuegos artificiales en las fiestas patronales de mi pueblo natal y eso me llevo a experimentar con la pólvora como un combustible para un cohete. Eso quiere decir que el uso de cohete realmente no es una ciencia nueva. El problema mayormente de los cohetes es la puntería y el alcance. El problema de la puntería lo solucione haciendo girar el cohete durante su vuelo. Realmente es un vector cuya dirección está gobernada por su trayectoria. El problema del alcance es un poco más difícil de calcular debido a que aquí entran una serie de ecuaciones matemáticas y parámetros que están fuera del alcance de los lectores de este libro. Los científicos rusos y alemanes habían hecho un gran avance en esta ciencia. Los trabajos de investigación de Robert Goddard ayudaron también el desarrollo de esta ciencia. Es de conocimiento común que el oxígeno y el hidrogeno en su estado líquido forman una base para propulsar un cohete. Yo leí la tesis doctoral del científico alemán Hermann Oberth ya que en esa época yo entendía el idioma alemán. Lo que escribió Oberth realmente es una contribución positiva a la ciencia de cohetes. Los científicos alemanes ya para el 1927 al 1931 estaban experimentando con sistemas de propulsión usando oxígeno líquido y gasolina. Los científicos rusos bajo el liderato de Valentín Glushkó introdujeron ciertas técnicas que incluían regeneración enfriadora, ignición hipergólica y diseños de inyectores de combustible que añadían mezcladores e inyectores mezcladores internos que suministraban propulsión secundaria.

Bajo el liderato de Hitler, Werner von Braun, desarrollo los cohetes llamados V-1 y V-2 que inicialmente pertenecían a la serie A de cohetes. El cohete V-2 tenía el nombre inicial de A4. Muchos de los cohetes V-2 cayeron sobre la ciudad de Londres. Esos cohetes tenían un alcance hasta de 300 kilómetros y llevaban una cabeza de guerra de Amatol de 1,000 kilogramos. Ese cohete tenía bomba de turbinas, guía inercial, y otras capacidades. Miles se lanzaron contra las naciones aliadas, principalmente Inglaterra, Francia y Bélgica pero realmente no afectaron el desenlace de la segunda guerra mundial debido a sabotaje entre los mismos trabajadores que los construían. El error de Hitler fue usar la fuerza laboral de prisioneros de guerra. Lo único que quedó demostrado era que la tecnología funcionaba muy bien si se corregían ciertos defectos.

Al finalizar la guerra los Estados Unidos capturaron a Werner Von Braun y parte de su equipo de científicos. Rusia capturo al resto de los científicos alemanes. Ambos países también capturaron los cohetes que todavía no se habían disparado y todas las piezas de los cohetes. Súmese a todo esto todos los diagramas y esquemáticos técnicos. Estados Unidos llamo ese movimiento LA OPERACIÓN PAPERCLIP.

Pasaron muchas cosas desde el fin de la guerra hasta la década del 50. Cuando los rusos dispararon el primer satélite terrestre, el V-2 evoluciono en lo que luego se le llamo el Cohete Redstone que fue desarrollado en Huntsville, Alabama. Este cohete fue usado en las primeras fases del programa espacial de la NASA.

Por otro lado los rusos usando la tecnología alemán bajo el liderato de Sergei Korolev lograron ponerse al frente de la carrera espacial entre Estados Unidos y Rusia. El V-2 fue la base para el desarrollo de los nuevos cohetes rusos que fueron llamados R-1, R-2, R-3, etc., etc. También los rusos desarrollaron nuevos motores de propulsión bajo el liderato de Glushko. Bajo el liderato de Aleksei Isaev los rusos desarrollaron lo que ellos llamaron Misiles Balísticos Intercontinentales que en ingles se llaman "Intercontinental Ballistic Missiles" (ICBM). Los rusos también usaron una distribución de cohetes alrededor del tanque propulsor que le daba más fuerza para poner en órbita un satélite con un hombre en el espacio. De ahí en adelante fue una carrera espacial entre Rusia y Estados Unidos. La ciencia de los misiles es la misma que la ciencia de los cohetes. La mayor diferencia que se puede señalar es que usualmente los misiles tienen sus aplicaciones en el campo de batalla. Existen muchos tipos de misiles y muchos tipos de plataformas. La plataforma de lanzamiento puede ser desde la tierra, o desde un buque de guerra, o desde un avión, o un helicóptero, etc., etc. Existen misiles de la categoría tierra-aire, o aire-aire, o mar-aire. Existen muchas compañías que se dedican al desarrollo de distintos tipos de misiles y usualmente los mejores clientes son los gobiernos de distintos países.

EL CENTRO ESPACIAL KENNEDY EN FLORIDA

Mi posición en la NASA había cambiado de Estudiante Graduado a Científico de la NASA. Un día fui a la oficina de recursos humanos y pregunte como diablos yo podía hacer un traslado de Huntsville, Alabama a Kennedy Space Center en Florida. La muchacha que me atendió me dio los números telefónicos de la NASA en Cabo Cañaveral y me dijo que fuera haciendo los tramites por teléfonos en lo que ella hacia mis papeles. Porque el papeleo no era fácil de hacer de un día al otro para conseguirme una plaza en el Centro Espacial Kennedy. Me dijo que regresara en 7 días para ver lo que ella había logrado. Hice varias llamadas al Cabo Cañaveral para averiguar los requisitos del traslado. Mientras tanto continúe trabajando en el laboratorio y de vez en cuando me iba a la biblioteca a seguir estudiando la ciencia de la cohetería.

Recibí una llamada de la oficina de recursos humanos de "Kennedy Space Center" y me dijeron que yo no podía hacer un traslado porque allí no tenían en el momento plazas para científicos. Lo que ellos necesitaban eran ingenieros y como yo era hispano eso me daba mejor acceso a conseguir una plaza de ingeniero que estuviera vacante. Me dijeron que con mis credenciales yo cualificaba como **Ingeniero Espacial.** Por otro lado la muchacha de la oficina de recursos humanos de Huntsville me dijo que ya habían hecho los papeles para quedarme permanentemente como científico en Huntsville empezando con la escala de salario de un GS-9 porque era lo que tenían en el momento pero luego de seis meses me subían GS-11 y después de un año me subían a GS-12 siempre y cuando hiciera un trabajo satisfactorio los primeros 6 meses. Si al cabo de los seis meses no cumplía con los requisitos de la posición entonces me quedaba sin trabajo. Pero yo siempre he tenido una fe ciega en mí y mis recursos intelectuales y yo sabía que tenía un trabajo seguro con la NASA a pesar que tenía que empezar por abajo. Yo le aconsejo a los que lean este libro que uno tiene primero que empezar por el primer escalón para subir una escalera. Si usted trata de subir más alto lo más seguro es que resbale y caiga abajo posiblemente herido. Yo sabía que tenía que subir la escalera. Lo que la NASA necesitaba en ese tiempo en el Centro Espacial Kennedy (KSC) eran muchos ingenieros. El mero hecho de pertenecer a una minoría, como se consideraban a los negros y a los hispanos, eso en lugar de restar lo que hacía era ayudar. Porque la administración de John F. Kennedy y Lyndon B. Johnson pusieron leyes en los libros para defender los derechos de las minorías. Es decir, que la situación política estaba inclinándose a favor de las minorías. Para yo poder lograr el traslado de MSFC a KSC tuve que empezar por lo bajo. Es decir, en KSC empecé en el grado de GS-7. El salario quedo igual porque era un traslado que ellos llamaban lateral.

El mayor problema que tuve en la transición de MSFC a KSC fue que todavía yo tenía que resolver varios problemas de logística. Primero, yo tenía que poner mi status de estudiante de la Universidad de Nuevo México en suspenso porque ellos me daban un año para regresar si yo quería defender la tesis de la Aurora Borealis. Segundo, yo tenía que decidir si iba a regresar a reintégrame a mi cátedra como profesor en la UPR, ellos también me daban un año para regresar o de lo contrario perdía mi posición a menos que mi tiempo en la NASA me contara como una licencia sin sueldo. Es decir, ya existía el precedente de un profesor universitario prestar servicios en otra agencia de gobierno hasta cumplir sus servicios en esa otra agencia y luego regresar a la cátedra sin perder los derechos de profesor ni la pensión con la UPR. Tercero, yo tenía alquilada y pagaba por el alquiler de la casa en Nuevo México. Mi esposa y los niños todavía estaban viviendo en Nuevo México y los niños estaban terminando la escuela. Los primeros dos problemas podían esperar un año pero la mudanza no podía tardar un par de meses porque los niños empezarían la escuela no más tardar de agosto del 1976.

Mi hermano mayor, Roberto, vivía en Apopka Florida y me ofreció albergue en su casa hasta que yo pudiera tener mi propia casa. Es decir, yo empecé a vivir en Apopka, Florida hasta que yo consiguiera una casa. Mi camioneta estaba conmigo pero el tráiler estaba en un garaje privado que yo alquile en Albuquerque. Yo conocía a un chofer de camiones en Huntsville que se había hecho mi amigo. El problema era que yo necesitaba dos camiones para traer toda mi mudanza en Florida porque a través de los años yo había comprado mucho suvenir en mis andanzas por esos mundos de Dios. Tenía una colección de radios antiguos, también tenía mucha cosas en ónix y plata que había comprado en México. Tenía una vellonera o Rokola que compre en México que era de esas que usted le echa una moneda y la Rokola le toca una canción grabada en discos de 78 revoluciones por minuto. Por lo tanto, antes de ir a Nuevo México tuve que ir a recoger al chofer de mi confianza en Huntsville. Este señor era de la raza negra y se había hecho mi amigo. Él también era mecánico de carros, por lo tanto, me podía a resolver cualquier problema que tuviera en la carretera. Además yo necesitaba alguien que cargara los camiones de todas mis pertenencias que habían crecido casi al doble de lo que tenía cuando salí de Miami, rumbo a México.

El negrito, como yo le decía de cariño, nunca había estado en el suroeste de Estados Unidos y se quedaba maravillado al ver tierras nuevas que nunca había visto en su vida. Para llegar a Albuquerque tenía que ir por la ruta o carretera US-40. Esta carretera cruza por el norte de Alabama y Mississippi, luego hay que cruzar el estado de Arkansas, Oklahoma, Texas y llegar por Santa Fe y entonces seguir para el sur hacia Albuquerque. Debo decirles que cuando yo viví en Nuevo México nunca vi a un negro. Por lo tanto, el negrito se quedó maravillado de todo lo que veía pero a la misma vez me decía que tenía un poco de miedo porque él había sido víctimas de los blancos. Yo le dije que no se apurara porque los indios también habían sido víctimas de los blancos y en Nuevo México hay muchos indios. Este viaje lo hicimos en 24 horas corridas. Tres turnos de 8 horas cada uno hasta que llegamos a nuestro destino.

Llegamos a mi casa en Albuquerque. Entonces decidí comprarle unos pasajes para mi esposa y mis niños para que fueran a quedarse con mi hermano en Apopka, Florida en lo que yo llegaba con mi mudanza. Después que mi esposa se fue, entonces hice los arreglos necesarios para cargar un camión que lo iba a guiar el negrito. Yo halaba el tráiler con mi camioneta. Todos los vehículos iban cargados completamente. El camión que guiaba el negrito iba súper cargado. Yo le dije al negrito que me siguiera de cerca. Yo iba a guiar a una velocidad de 50 millas por hora que es la velocidad máxima para un cargamento como yo tenía.

Salimos bien temprano en la mañana de Albuquerque. Hacíamos parada para echar gasolina o para comer y hacer las necesidades biológicas. En esta ocasión tomamos otra ruta ya que habían terminado la ruta US-10 que cruza todo Estados Unidos por la parte sur del país. Esa carretera empieza en el área de Jacksonville, Florida y termina en Los Ángeles, California. Todo iba bien hasta que la malicia o avaricia hizo presa del negrito. Cuando estábamos cruzando Mississippi el negrito se desapareció. Se había llevado un camión U-HAUL que yo alquile con todas mis pertenencias. Me detuve en Nueva Orleans y fui a la patrulla de camino para pedir auxilio. Depuse de varias horas encontramos al negrito que estaba comiendo en un restaurant. La policía me pregunto si yo quería que lo arrestaran. El negrito me dijo que se había perdido y no sabía donde yo estaba. Yo realmente no sé si era la verdad o era una buena excusa, pero le dije al policía que el negrito yo lo necesitaba y que era mejor que no lo arrestara. Bueno después de pasar ese susto el resto de camino no hubo ningún contratiempo. Llegamos a nuestro destino de Orlando, Florida. Todas mis pertenencias incluyendo mi tráiler las puse en un local que alquile. Le pague al chofer que yo lo llamo el negrito porque me caía bien a pesar de todo. Le compre un boleto de avión y le dije que algún día lo volvería a ver en Huntsville.

Yo empecé a trabajar en KSC en mayo del 1976. A pesar que yo tenía 38 años, la gente creía que yo tenía como 28 años. Eso lo herede de mi madre porque ella se veía más joven de la edad que tenía. Al llegar y a las oficinas de recursos humanos me encontré con Beberly Merrilees quien me dijo que ella iba a ser mi supervisor hasta que me encontrar un sitio permanente. Eso no me tomo por sorpresa porque lo que ellos hacen es tener un "pool" de diez o veinte ingenieros que pueden ir donde lo necesiten. Ella me dijo que como yo tenía conocimientos científicos me iba a poner a trabajar en los laboratorios científicos. Ese laboratorio tiene físicos, químicos, biólogos y expertos en metalurgia, fluidos, criogénicas, en fin una mezcla de expertos en todas las ramas de la ciencia y tecnología. Mi supervisor por casualidad de nombre Dr. Gail era de Scottboro, Alabama y tenía un doctorado en física teórica. Por lo tanto, él y yo formamos un equipo de trabajo muy a tono con los trabajos de investigación. Además de eso, él era director de los laboratorios, por lo tanto, yo me conecte con el jefe de todo aquel equipo de expertos. Yo note que había cierto recelo y señas antirracistas porque yo era puertorriqueño pero el Dr. Gail era mi guarda espalda.

EL PRIMER LANZAMIENTO DE UN TRASBORDADOR ESPACIAL

En ese tiempo estábamos haciendo una transición del programa Apolo al nuevo programa del Trasbordador Espacial. La última misión fue la del Apollo-Soyus. Tengo que hacer un breve resumen de esta misión. En julio 15 del 1975 Aexey A. Leonov y Valery N. Dubasov fueron lanzados al espacio desde el cosmódromo Baikonur en Kazakhstan, Rusia. Ese mismo día como a las 3:50 pm lanzaron desde "Launch Complex 39", Centro Espacial Kennedy el ultimo Apolo con la siguiente tripulación; Thomas P. Stafford, Vance D. Brand y Donald K. Slayton. La misión era simplemente que los dos vehículos se encontraran en el espacio y pudieran transferirse de una capsula a la otra. La cosa suena fácil pero es una tarea bien complicada. Primero tenían que hacer los ajustes necesarios para que ambos vehículos viajaran en la misma órbita circular uno persiguiendo al otro. La órbita tenía un radio de 220 kilómetros. Un vehículo se iba acercando al otro hasta hacer contacto y hacer los ajustes necesarios para que la tripulación de un vehículo pudiera trasladarse al otro. La misión tuvo un rotundo éxito y abría las puertas para restablecer las relaciones entre Rusia y Estados Unidos y a la vez probar que se tiene la tecnología para hacer lo que se llama "docking." Desgraciadamente nadie sabía que esa iba a ser el último vuelo del Apolo.

Mi nueva misión era trabajar en los preparativos del El Trasbordador Espacial. Cuando yo llegue empezamos a desmantelar todo lo que fuera del programa Apolo y empezar a construir todo el equipo necesario para lanzar el primer Trasbordador Espacial. Fue una tarea bien intensa porque eso era una cosa nueva, un concepto nuevo y todo era nuevo. Por lo tanto, mi trabajo en el laboratorio tomo una importancia enorme.

Me llamo mucho la atención que cada vez que iba almorzar en la cafetería lo único que veía era cabellera blanca. Me parecía que estaba en un asilo de ancianos. Yo no conocía a nadie. Así que tome la tarea de buscar alguien que fuera de sangre latina como yo. Por suerte un día iba caminando y oí alguien hablando español. Entonces me detuve y le pregunte ¿Cómo se llama usted? El me contesto José González. Y le volví a preguntar; ¿Dónde usted nació? El me contesto. "Yo nací en el Paso, Texas." Entonces yo le dije; "Pues usted es mi cuate." José me dijo que había unos pocos mexicanos, cubanos y dos boricuas. Ese fue el comienzo del enlace entre los de la raza latina. Luego conocí un newyorican, Sam y a mi eterno amigo Juan Torres. Un día leí en una revista que circulaba en esa época dentro del centro espacial que la NASA tenía que cumplir con una cuota. El 10% de los ingenieros de la NASA tenían que ser miembros de la minoría. Nosotros los puertorriqueños somos considerados una minoría en ese tiempo. Yo fui hablar con Beberly Merrillees y le dije que yo había sido profesor de la UPR y que la UPR tiene un campus en Mayagüez donde hay una escuela de ingenieros. Que yo estaba seguro que allí podían conseguir muchos candidatos. Ella me dijo que iba a llevar la idea a su jefa. Bueno como a las dos o tres semanas enviaron a un muchacho que trabajaba en Recursos Humanos, quien era de ascendencia Filipina, de nombre Manuel (Manny) Virata. Para hacer el cuento corto, Manny Virata fue a Mayagüez y trajo un grupo de ingenieros puertorriqueños. Del 1976 al 1980 ya había 25 ingenieros puertorriqueños. Yo me alegre mucho de ver que yo no era el único ingeniero puertorriqueño y eso era importante para que el resto de los ingenieros mayormente anglosajones vieran que también nosotros podemos. Es decir, nosotros los puertorriqueños, mexicanos, cubanos, oct., también podemos aportar al desarrollo de la ciencia en los Estados Unidos. Este núcleo de ingenieros de habla hispana fueron los pioneros en el esfuerzo de la ciencia y la tecnología de la época espacial.

Un día nos encontrábamos un grupo de ingenieros puertorriqueños en la cafetería y estábamos hablando en español. Parece que un ingeniero anglosajón no le cayó bien la idea de que habláramos español y se quejó al director del centro espacial. En ese tiempo el director del centro espacial era Robert Smith y un día el me llamo por teléfono (porque yo era el mayor en edad del grupo) que me reportara a sus oficinas. Al llegar él me dijo que alguien se había quejado de que nosotros estábamos hablando español en la cafetería. Yo le dije, que el tiempo del almuerzo no formaba parte del tiempo de trabajo y que nosotros estábamos hablando entre nosotros. Que no habíamos roto ninguna regla. Yo le pedí de favor que enviara un comunicado oficial de su oficina que durante el tiempo de la comida uno podía hablar en el idioma nativo. Bueno, yo no sé como él se las arreglo pero el envió un comunicado a todos los empleados del centro espacial "que el idioma oficial para todas las conversaciones oficiales bien sea por teléfono o en reuniones oficiales tenían que ser en ingles." "Las reuniones en la cafetería no eran reuniones oficiales."

Para calmar los ánimos de cierto sector también contrataron los servicios de un maestro de idiomas para que nos enseñaran a corregir y disminuir el acento. Irónicamente el maestro de idiomas era de Alabama. Eso para mí fue un chiste porque aquel señor tenía un tremendo acento sureño. ¿Cómo van a enviar a un sureño que le quite el acento a un Yankee del norte, o uno de Texas? El grupo boricua tomo el curso por aquello de cumplir con un requisito, y el maestro de Alabama, se fue bien contento porque se gano unos cuantos pesitos, pero la solución al problema no se había realmente resuelto. Bueno a la larga los anglosajones nos tuvieron que tolerar, como uno de los miles de acentos que existían en Estados Unidos. Yo tengo que confesar que al principio los ingenieros boricuas tuvieron que vencer ese obstáculo que se le puso en el camino.

Claro, yo estaba de acuerdo con el director del centro en el sentido que tanto yo como otros teníamos que disminuir el acento y tratar de hablar como Joe Blow. Yo contrate una maestra especial en Orlando, Florida para que me corrigiera el acento de suerte que sonara mejor y más aceptable. Yo estuve como tres meses cogiendo esas clases pagada por mi bolsillo pero eso no lo sabía nadie en el centro espacial. Meses después mi jefe me dijo en tono de broma que ya yo hablaba con más fluidez. Yo me quede callado.

COMO ME HICE INGENIERO DE LA NASA

Vamos hablar de ingeniería. Existen varia ramas de ingenierías. Entre las más conocidas son las siguientes; civil, agrónomo, mecánico, eléctrico, etc. etc. Pero lo que muchos no saben es que la ingeniería es realmente Física Aplicada. Es decir; usualmente los físicos se complacen en estudiar los principios básicos del estudio de fuerzas (ingeniero civil) bien sea lo que se conoce como la mecánica estática y lo que se conoce como la mecánica dinámica. Por lo tanto, los estudiantes de ingeniería primero tienen que tomar los cursos básicos de Física y los cursos básicos de matemática. El físico por el contrario estudia todos los conceptos básicos de cualquier rama de la ingeniería. Por ejemplo; yo estudie todos los principios básicos de; estática, dinámica, electrostática, electrodinámica, hidrostática, hidrodinámica, magnetismo, electricidad, ondas mecánicas, ondas sonoras, ondas electromagnéticas, física atómica, física nuclear, óptica física, electro-óptica, en fin un sinnúmero de disciplinas que un buen físico tiene que tener un completo dominio. Súmese a eso lo siguiente; algebra, geometría plana, geometría sólida, trigonometría, algebra avanzada, calculo, ecuaciones diferenciales ordinarias, ecuaciones diferenciales parciales, algebra de Boole, lógica, programación de computadoras, etc., etc. Como yo tengo completo dominio de todas estas asignaturas me era y es fácil entender y trabajar todo tipo de problemas de ingeniería. Como yo demostré que tenía todo ese bagaje intelectual mientras trabajaba como científico en los laboratorios de la NASA, un día me llamo mi jefe a su oficina. Mi jefe me dice; "Mira Juan, la administración ha decidido llevar a cabo un reorganización de los ingenieros de la NASA aquí en el Centro Espacial. Como se necesitan más ingenieros nosotros hemos decidido convertir tu plaza a una de ingeniero. De hoy en adelante vas a trabajar como ingeniero eléctrico y de computadora. La ventaja que tú tienes es que sabes programación de computadoras y también sabes de los componentes electrónicos de las computadoras. "Yo le conteste; "Entonces eso quiere decir que me van a trasladar a otro grupo." Y él me contesto que desde el próximo lunes tenía que reportarme a Mr. William quien iba a ser mi supervisor inmediato y me iba a trasladar a cualquier grupo que necesitara mis servicios." El grupo de científicos del laboratorio que yo trabajaba me hicieron una fiesta de despedida, fuera del centro espacial y me dijeron que las puertas estaban abiertas si yo quería regresar a trabajar en los laboratorios."

Los que han visto los lanzamientos de cohetes por medio de la televisión habrán notado que existe un cuarto bien grande donde están conglomerada todas las computadoras que controlan todos los sistemas que tiene un cohete o el trasbordador espacial o cualquier avión espacial. Desde el 1960 las computadoras controlan todos los sistemas que vigilan todos los sistemas complejos que tiene un aparato espacial. Es decir, las computadoras empezaron a reemplazar muchos sistemas que antes eran electro-mecánicos y hasta reemplazaron algunos humanos. Pues, a mí me tocó trabajar en ese cuarto para servir de apoyo a cualquier problema que surgiera. Éramos un grupo de ingenieros de lo que llama "SOFTWARE ENGINEERS." Tuvimos que coger un adiestramiento en los lenguajes que hablan las nuevas computadoras que se estaban instalando para darle el servicio que requería los lanzamientos del trasbordador espacial. Empezamos en el 1977 a trabajar todos esos sistemas para que estuvieran listos para el primer lanzamiento del Columbia que era el prime trasbordador que íbamos a lanzar al espacio. En ese tiempo se estaban construyendo 5 trasbordadores que son los siguientes; COLUMBIA, CHALLENGER, DISCOVERY, ATLANTIS y ENDEAVOUR.

esa

european space agency
agence spatiale européenne
presents this
Team Achievement Award
to
Juan P. Rivera

In recognition of your valuable contribution to the First Spacelab Payload Project and with special appreciation for your professional dedication during the project culminating in a successful mission of Spacelab 1 on STS 9
28 November 1983 - 8 December 1983.

M. BIGNIER
Director Space Transportation System

E. QUISTGAARD
Director General

Figura 4: Premio presentado por ESA

Ya la NASA había asignado el COLUMBIA como el primer trasbordador que íbamos lanzar. Ese aparato llego en el 1979 al centro espacial Kennedy. Quiere decir que todos los ingenieros estaban trabajando incansablemente para lograr que el primer lanzamiento fuera un éxito. Nosotros chequeamos todos los sistemas y también si algo fallaba teníamos un reemplazo en línea listo para tomar la función con solo apretar un botón. Por fin llego el día esperado por todos. El 12 de abril del 1981 lanzamos el Columbia y fue un rotundo éxito. Realmente tomaron como cuatro vuelos en distintas fechas para probar que el concepto del trasbordador espacial era una realidad desde el punto de vista de la tecnología requerida. Claro nosotros como buenos científicos tomamos fotografía y videos de todos los lanzamientos con un equipo de cámaras de video y de fotografía. Todos esos videos y fotografías fueron analizados y los resultados fueron diseminados entre los distintos equipos de ingenieros y científicos. La plataforma de lanzamiento que usamos en esas misiones fue la que se conoce como la plataforma A.

En julio del 1982 llego el CHALLENGER al centro espacial Kennedy. Cada uno de esos aparatos tenía que ser inspeccionados y poner en línea todos los procesos necesarios para que el lanzamiento sea un éxito.

El tercer trasbordador llamado DISCOVERY llego al centro espacial Kennedy el 30 de agosto del 1984. Para mi ese aparato fue uno de los que realmente tuvo que probar que todos los sistemas tenían que funcionar a perfección porque tenía unas de las misiones más complicadas hasta esa fecha. Imagínese que llevaba no uno sino tres satélites de comunicaciones y además una tropa de astronautas. La carga humana como la ciencia que iba en su barriga tenía un peso enorme. Sin embargo, a pesar de algunos problemitas, tuvo un éxito rotundo.

En abril del 1985 llego el último de esos aparatos. Su nombre es el ATLANTIS. Fue lanzado el 3 de octubre del 1985. En este aparato iba una carga del Departamento de la Defensa. No se sabe mucho de lo que iba en la barriga de ese aparato porque todo estaba controlado por esa agencia del gobierno. La misión también fue un rotundo éxito.

Yo tuve la suerte de ser parte de la historia de estas misiones y ver antes mis propios ojos las nuevas tecnologías del futuro antes de que estas tecnologías salieran a la luz pública. Solo les voy a dar un ejemplo; a principios del 1970 las antenas de televisión (dish antenna) de 12 y hasta 15 pies de diámetro se hicieron bien famosas para captar programas de televisión que se originaban en el extremo opuesto del planeta. Los programas de la TV argentina se podían ver claramente en Orlando, Florida. Mi esposa estaba muy preocupada que casi todos mis vecinos tenían esa grandotas antenas que costaban hasta $5,000. Un día me pidió que comprara una. Yo le conteste; "Nosotros lanzamos un satélite de comunicación que necesita solo una antena de 18 pulgadas de diámetro y costaba alrededor de $100." Ya las estaban anunciando en las revistas electrónicas. Eso quiere decir que invertir $5,000 dólares en una antena es un suicidio económico. En menos de un año ya la gente estaba usando las famosas antenas de 18 pulgadas de diámetro. Antes de lanzar el satélite ya las emisoras de televisión estaban anunciando las diminutas antenas.

Alrededor del 1982 se formó un nuevo equipo de ingenieros de la NASA que se llamó "level IV" En español diríamos NIVEL CUATRO. Ese era y fue el único grupo de ingenieros que bregaban directamente con toda la carga que iba en la barriga del trasbordador. Yo tuve la suerte de formar parte de ese importante grupo de ingenieros. Eso me dio la oportunidad de viajar el país de norte a sur y de este a oeste. Mi misión era ir a los distintos centros espaciales y universidades que tenían experimentos que iban a volar el trasbordador. Como yo tenía dos sombreros, es decir, me podía poner el sombrero de ingeniero o el sombrero de Físico. Yo era el único que tenía esa pericia. Es decir, era ambidextro de dos profesiones. Mi misión era asegurar que los experimentos que iban a volar en el trasbordador cumplieran con todos los requisitos de la NASA. Haciendo este trabajo me dio la oportunidad de codearme con los mejores científicos del país. Años más tarde, el tipo de trabajo que yo hacía fue distribuido a otros ingenieros. Mi destino iba a cambiar.

Yo tuve la dicha de ser escogido por dos grupos de científicos en dos ocasiones distintas de formar parte del equipo científico que hablaban con los astronautas en el "Mission Control Center" o el Centro de Control de la Misión. Si ustedes recuerdan al ver en la televisión desde Houston, Texas, en el Centro Espacial Johnson, en ese cuarto de controles yo estaba con los científicos ayudando en la misión. Lo que pasa es que una misión dura varios días y se necesitan científicos las 24 horas del día durante la duración de la misión. Por lo tanto, teníamos que dividirnos en tres turnos de 8 horas. Que en realidad eran más de 8 porque había que esperar el reemplazo que a veces llegaba tarde debido al tráfico o que se yo que otra razón. A mí me gustaba más trabajar de noche, es decir, de 10 de la noche hasta la 6 de la mañana del otro día. Esto era un gesto de simpatía que yo hacía para ayudar a los otros compañeros que eran más viejos que yo.

Figura 5: Premio presentado por la NASA

Figura 6: Premio presentado por SPACELAB

EL LABORATORIO ESPACIAL SPACELAB

Un día mi supervisor Mr. William me llamo a su oficina para comunicarme que se estaba formando un nuevo equipo de ingeniero para ayudar una misión de los países europeos que se llamaba SPACELAB y él quería que yo trabajara en esa misión porque yo era un científico y además un ingeniero y yo era la persona indicada para trabajar con los científicos europeos. Eso quería decir que me estaban trasladando a otro grupo dentro del grupo que yo trabajaba, es decir, un subgrupo. Yo le dije a mi supervisor que yo iba donde me necesitaran. Por otro lado quiero decir que ya la excitación que me había producido trabajar en los primeros vuelos del trasbordador espacial se me había ido. La razón principal era que el trabajo se convirtió rutinario y fue perdiendo el reto a la inteligencia. Pero antes de abandonar el tema quiero añadir que realmente había un trasbordador que se llamaba el ENTERPRISE. Realmente ese era el primer prototipo del trasbordador espacial que llego al centro. Para ser más exacto su primer vuelo fue el 12 de agosto del 1977 que duro creo que un día de acuerdo a mi memoria. El último vuelo de acuerdo a mis anotaciones fue el 26 de octubre del mismo año. Luego ese prototipo regreso a Rockwell International que era el contratista que construyo todos los trasbordadores. Luego ese prototipo fue rediseñado de suerte que pudiera volar en el espacio como habían sido diseñados los otros. De acuerdo a mi memoria lo rebautizaron el CHALLENGER. El primer vuelo del COLUMBIA fue el 12 de abril del 1981 y su último vuelo fue el 16 de enero del 2003 que tuvo el accidente que se desintegro en el aire. El primer vuelo del CHALLENGER fue el 4 de abril del 1983 y el último vuelo fue el 28 de enero del 1986 que exploto en el aire. El primer vuelo del DISCOVERY fue 30 de agosto del 1984 y su último vuelo fue el 24 de febrero del 2011. El primer vuelo del ATLANTIS fue el 3 de octubre del 1985 y su último vuelo fue el 8 de julio del 2011, que realmente fue el último trasbordador espacial que voló antes de cerrar el programa que yo vi nacer. Los últimos tres aparatos fueron convertidos en piezas de museo.

El laboratorio espacial SPACELAB, es realmente un laboratorio que incluía una serie de experimentos que volaron en el trasbordador espacial. Una vez que el vehículo alcanza su órbita entonces el trasbordador abre sus puertas y quedan todos esos experimentos mirando al infinito del espacio o el universo. La ventaja que tenía ese laboratorio era que se podía modificar de acuerdo a las necesidades de los científicos y de la misión. Podía llevar distintos experimentos. Es decir, cada vuelo podía llevar distintos experimentos. Este laboratorio tenía cuatro componentes;(1) el modulo presurizado (2) varias palés (3) el túnel del módulo (4) y un sistema de comunicación. El laboratorio principal estaba en la barriga del trasbordador en adición a los palés.

European Space Agengy (ESA) era el dueño de ese laboratorio, que realmente era una contribución de varios países europeos incluyendo a Canadá. ESA le regalo el primer laboratorio LM1 a la NASA a cambio del acuerdo de que varios científicos europeos pudieran volar en el trasbordador espacial. El segundo laboratorio LM2 fue adquirido por la propia NASA para su propio uso.

Mi participación al igual que al resto de mis compañeros fueron aplaudidos por la administración de la ESA y la NASA. Como prueba de ello incluyo varias fotos de esa gesta heroica que queda plasmada en la historia del trasbordador espacial.

Los palés fueron usados en 25 vuelos espaciales. Por mutuo acuerdo de las partes, el equipo fue desarmado en el 1998 ya que se entendía que podía ser usado en la Estación Espacial Internacional (EEI) Se construyó un módulo más pequeño similar al que se usó en el SPACELAB para ser montado en la EEI. Tengo entendido que el laboratorio LM1 se exhibe en el aeropuerto de Bremen en Alemania.

El palé es realmente una configuración en forma de U. El modulo consistía de un cilindro que volaba en la parte trasera (la barriga) del trasbordador, conectado a la cabina de los astronautas por un tubo largo. Tanto la cabina, el tubo largo, como el modulo principal estaban presurizado en la misma forma de un avión de pasajeros. El diámetro del laboratorio era como de 4 metros y se componía de segmentos de aproximadamente 3 metros de largo. El pale iba más atrás expuesto al vacío y servía de base para colocar los distintos instrumentos. Allí recuerdo que montamos un telescopio para estudiar las estrellas. Podríamos decir que era el predecesor del telescopio de Hubble. La ventaja de los palés era que podían ser usados una, o dos, o tres de acuerdo a los requisitos del vuelo. Como dije antes, yo trabaje en los primeros vuelos. El primero ocurrió en noviembre del 1983. Lanzamos el segundo en el abril del 1985 y el tercero en julio del 1985. De ahí en adelante se siguió la misma rutina. Creo que el último lo lanzaron en el año 2000.

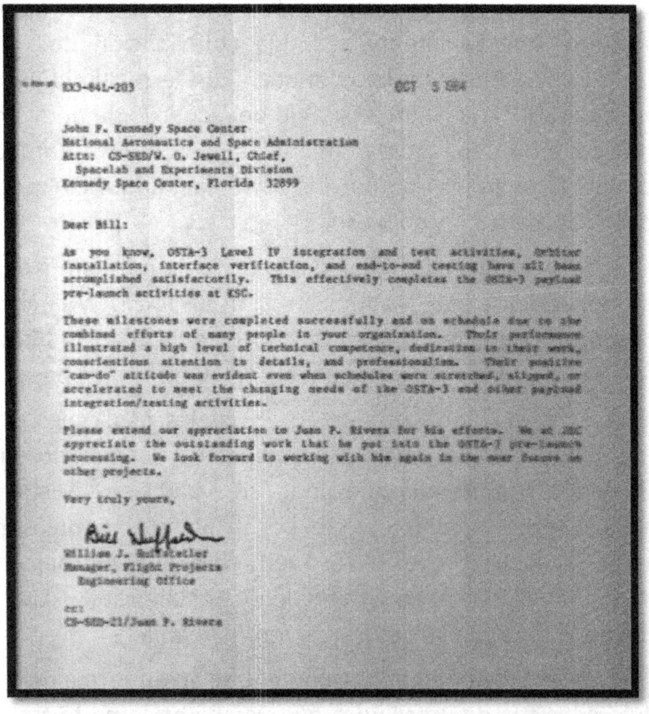

EX3-84L-203 OCT 5 1984

John F. Kennedy Space Center
National Aeronautics and Space Administration
Attn: CS-SED/W. O. Jewell, Chief,
Spacelab and Experiments Division
Kennedy Space Center, Florida 32899

Dear Bill:

As you know, OSTA-3 Level IV integration and test activities, Orbiter installation, interface verification, and end-to-end testing have all been accomplished satisfactorily. This effectively completes the OSTA-3 payload pre-launch activities at KSC.

These milestones were completed successfully and on schedule due to the combined efforts of many people in your organization. Their performance illustrated a high level of technical competence, dedication to their work, conscientious attention to details, and professionalism. Their positive "can-do" attitude was evident even when schedules were stretched, slipped, or accelerated to meet the changing needs of the OSTA-3 and other payload integration/testing activities.

Please extend our appreciation to Juan P. Rivera for his efforts. We at JSC appreciate the outstanding work that he put into the OSTA-3 [illegible] pre-launch processing. We look forward to working with him again in the near future on other projects.

Very truly yours,

William J. Huffstetler
Manager, Flight Projects
Engineering Office

cc:
CS-SED-21/Juan P. Rivera

Figura 7: Premio del Centro Espacial Johnson

DE LA NASA A LA INDUSTRIA PRIVADA

Un día un ingeniero amigo mío de Puerto Rico estaba buscando trabajo y me pidió de favor que lo llevara a un hotel donde habían varios representantes de varias compañías aeroespaciales. La ventaja de este tipo de reclutamiento es que muchas compañías aceptan venir y buscar nuevos reclutas. De esta manera la compañía no tiene que invitar al recluta a visitarlos a la ciudad donde está localizada la plaza. También es una ventaja para los reclutas porque uno puede llenar solicitudes de empleo a varias compañías en un par de horas.

La idea de mi amigo era ir someter el resume y/o entrevistarse con el representante de la compañía X o Y. A mí se me ocurrió matar dos pájaros de un tiro. Yo lleve también mi resume para probar las aguas y ver si ellos tenían interés en mí. Mi amigo fue entrevistado primero y luego un representante de Martin Marietta me entrevisto a mí. Antes de irme yo le dije al representante de Martin que yo en realidad no estaba muy interesado en trabajar para ellos porque yo estaba trabajando para la NASA y era muy difícil que ellos me convencieran a dejar un buen trabajo con el gobierno federal para ir aventurar con una compañía privada. Yo le dije que ellos tenían que hacerme una oferta aumentándome mi salario entre $5,000 a $10,000. El representante me dijo que si su compañía tenía interés en mí, entonces ellos me llamarían.

A las dos semanas mi amigo me dijo que a él lo habían rechazado. Pero para mi mayor sorpresa recibí una llamada de un representante de Martin Marietta (que ahora se llama Lockheed Martin) para que fuera sin compromiso a una segunda entrevista. Yo accedí a la segunda entrevista y después de negociar un salario yo salí bastante satisfecho y decidí abandonar a NASA y aceptar la posición de Martin Marietta. Mi trabajo con ellos era realmente como un experto en cierta rama de la ciencia y la tecnología. No puedo divulgar mi trabajo con esa compañía por mutuo acuerdo. Yo estuve cinco años con esa compañía. Los lectores que estudian ingeniería son buenos candidatos para trabajar con esta magnífica compañía. Con esta compañía yo tuve la oportunidad de viajar a muchos lugares de los Estados Unidos. Durante esos viajes aprendí muchas cosas importantes que nunca las pudiera haber aprendido a través de los libros. Yo estoy seguro que esta compañía podrá variar su nombre a consecuencia de sus expansiones y contracciones, pero ellos visitan las distintas universidades reclutando nuevos ingenieros, ya que sus productos van cambiando de acuerdo a como va cambiando el mercado de sus productos.

LA ESTACION ESPACIAL INTERNACIONAL

Un día estaba leyendo los clasificados del periodo y vi un anuncio de "McDonnell Douglas Aircraft Company" estaban buscando ingenieros para trabajar en el Centro Espacial Kennedy. Yo tenía todas las cualificaciones para el trabajo. De hecho yo excedía las cualificaciones mínimas del trabajo. Por lo tanto renuncie mi trabajo con Martin Marietta en Orlando, Florida y acepte la posición con McDonnell Douglas en Cabo Cañaveral, Florida. Mi responsabilidad era usar mis conocimientos y experiencia en la ciencia espacial para trabajar en el desarrollo del nuevo concepto del LA ESTACION ESPACIAL INTERNACIONAL, a la que me referiré de ahora en adelante con las siglas EEI.

Después de haber trabajado en el desarrollo del Programa del Trasbordador Espacial ahora comienzo una nueva etapa de mi vida. Ahora formo parte del equipo de ingenieros y científicos que harán una realidad la Estación Espacial International. Yo me incorpore a este equipo en el 1989. Para que tengan una idea clara tratare de explicar en qué consiste la Estación Espacial Internacional.

La idea principal de una estación espacial es tener un laboratorio permanente en el espacio. Por ejemplo el SPACELAB, solo podía estar a lo máximo 2 semanas en el espacio y esto limitaba demasiado los resultados de los experimentos científicos. En este proyecto participan una serie de países, entre ellos; Estados Unidos, Rusia, Japón, los países europeos que pertenecen a la Agencia Espacial Europea y Canadá. Otros países pueden participar pero tienen que firmar un contrato con la NASA. Eso le ocurrió a Italia y cualquier otro país que quiera participar. Por eso se le llama la Estación Espacial Internacional que en ingles se conoce como "International Space Station" (SSI). Debo señalar que los rusos tenían una estación espacial que voló por mucho tiempo pero era de tecnología anticuada. Esa estación rusa se llamaba MIR.

Cuando yo comencé a trabajar en este concepto el diseño estaba en papeles, es decir, no existía un prototipo. El nombre en ese tiempo era FREEDOM. Se tuvo que construir un edificio nuevo para poder procesar todo el equipo que se iba a lanzar al espacio. Los astronautas tenían que trabajar en el espacio para armar las secciones. Se estimaba que la estación tenía que tener una órbita de aproximadamente 400 kilómetros sobre la superficie terrestre. El periodo de la órbita se calculó en aproximadamente 90 minutos que es básicamente el periodo de un satélite en órbita sincronizada. El plano de la órbita se calculó en aproximadamente 51 grados de con respecto al plano del ecuador celeste. El diseño se hizo para que por lo menos dos astronauta pudieran vivir permanentemente por espacio de hasta 6 meses. El mayor problema que existía era los viajes que tenían que hacerse para mantener la estación suplida de todo lo que se necesitaba, no tan solo los experimentos sino la comida y los desperdicios humanos. Imagínese usted viviendo en la cabina de un avión que vuela a una gran altura y tiene que vivir en ese avión por espacio hasta de 6 meses. Realmente no es cosa fácil para dos o más personas vivir en un ambiente así. También se calculó que la vida de la estación espacial sobrepasaba la vida de los trasbordadores espaciales y por lo tanto tenía que haber un plan alterno para usar los vehículos de Rusia para suplir la estación si los trasbordadores no lo podían hacer. Por lo tanto, la participación de Rusia era primordial. Se estimó que la estación seria habitada por astronautas rusos, americanos y Canadiense, aunque con el entrenamiento adecuado se podían enviar a otras personas que no fueran astronautas. Pudiéramos decir que estos serían TURUISTAS ESPACIALES. De ahí en adelante el resto es historia.

Alrededor del 1993 yo decidí ir buscando otro trabajo porque me sentía como que el completar la estación iba a ser de muchos años. Yo trabaje 5 años en este proyecto y realmente estaba convencido que era un diseño bastante complicado que en aquel tiempo requería como 21 vuelos para poder armar la estación en el espacio usando el trasbordador espacial. Ya yo estaba entrando en edad y me llamaba la atención otro tipo de trabajo donde yo pudiera utilizar mejor mi inteligencia. Para esa época yo tenía 55 años y si esperaba mucho entonces se me haría difícil conseguir trabajo. Por lo tanto empecé a buscar trabajo para ver si aparecía algo interesante.

LA CIENCIA DE LOS RADARES

Un día recibí una llamada desde Chicago de esta famosa compañía aeroespacial, "Northrop Grumann Aerospace Company." Me estaban invitando para una entrevista en Chicago. Yo no lo pensé dos veces, enseguida acepte ir a la ciudad de los vientos y de inviernos crudos. Me estaban ofreciendo más dinero y además me pagaban todos los gastos de mudanza tanto de mis pertenencias como los pasajes de mi esposa y mi hijo menor que tenía en esa época como cinco años. Además me pagaban un mes de gastos de hotel en lo que encontraba residencia. Para no hacer el cuento largo ya en dos semanas yo estaba con mi familia en la famosa ciudad de Chicago. Para mí fue como pegarme en la lotería. Tenía un jugoso salario y además la comodidad de vivir en unos de los suburbios exclusivos de Chicago. Yo diría que el que no ha estado en Chicago se está perdiendo lo mejor de la vida. Vivir donde yo vivía en Chicago era la cumbre de mi carrera como científico y como ingeniero. Esta compañía tiene una buena solidez económica y los mejores equipos científicos que usted pueda imaginar. Sinceramente les digo que me dio mucho gusto trabajar con los ingenieros y científicos de esta compañía. Yo fui contratado como un experto en ciencia y tecnología. La compañía tenía muy buenos beneficios y yo estaba muy contento de trabajar con el equipo técnico más sofisticado que usted se puede imaginar, además de estar viviendo en Chicago tuve la oportunidad de viajar varias visitas a Los Ángeles, California donde estaban ubicadas las oficinas y los laboratorios principales de la compañía.

Chicago tiene muchas atracciones para los que viven allí y los que visitan a diario esta magnífica ciudad. Voy a darles una breve lista de los sitios que yo visite;

- El planetario Adler
- El instituto de Arte de Chicago
- El Acuario Shedd

- El Observatorio Hancock
- El Museo de Field
- La Casa de Frank Lloyd
- El Museo de los niños
- Paseo en trolley
- Paseo en Autobús por toda la ciudad
- La torre de Sears
- Paseo en bote
- Museo de Ciencia e Industria
- Navy Pier IMAX theater
- Navy Pier Ferris Wheel

Y muchas otras atracciones para la familia y los que visitan a uno. También hay dos parques de pelota; Wrigley Field (Chicago Cubs) White Sox Stadium (Chicago White Sox). Todos los deportes están representados con muy buenos equipos. Hay salas de cine, hay teatros, en fin, la lista es bien larga. El mayor problema es tener el tiempo y el dinero para visitar todas las atracciones que tiene esta increíble ciudad.

Tampoco puedo divulgar el trabajo que hice para esa compañía. Es de conocimiento público lo siguiente porque la compañía tiene que darse a conocer para poder reclutar personal idóneo.

Yo tuve la dicha de trabajar con "NORTHROP GRUMMAN CORPORATION" que de ahora en adelante referiré con las siglas NGC. Esa compañía tiene una larga historia. La compañía realmente la integran aproximadamente 20 compañías que en un tiempo trabajaban independientemente y NGC las adquirió. En otras palabras la compañía NGC fue adquiriendo otras compañías más pequeñas que estaban más o menos en el mismo mercado. Yo diría que NGC cubre todo el espectro del campo de batalla militar y su cliente principal es el departamento de la defensa de los Estados Unidos, aunque muchos países amigos son también clientes. Esta compañía construye o está envuelta en la construcción de todo tipo de aviones, misiles, cohetes, etc., etc. Muchos vehículos militares y no-militares usan todo tipo de instrumentación electrónica ya sea en tierra, mar y aire donde la compañía juega un papel importante. La compañía ha sido la piedra angular de logros desde el famoso vuelo de Charles Lindbergh hasta llevar los astronautas a la superficie de la luna. Todos los futuros ingenieros y científicos si tienen las cualificaciones correctas pueden trabajar en esta magnífica compañía. Yo se la recomiendo.

La compañía fue fundada por John Northrop quien era un diseñador experto e innovador en aparatos aeronáuticos, en Hawthorne, California. En la segunda guerra mundial la compañía construyo muchos tipos de aviones de combate. Y desde esa fecha ha sido unos de los líderes en construcción de todo tipo de aviones y vehículos espaciales. Uno de los aviones de combate más famosos es el bombardero B-2 que desde el 1989 ha sido un avión importante para defender al mundo libre.

Leroy Grumman, junto con unos amigos iniciaron esta empresa desde un garaje de automóviles en California. Ellos tuvieron la visión de desarrollar una nueva empresa de ingeniería aeronáutica que se conoció como "Grumman Aeronautical Engineering Company." Durante la segunda guerra mundial esta compañía construyo muchos aviones de guerra. En el 1994 la compañía que en un tiempo era uno de los competidores de Northrop, fue adquirida por Northrop y la unión de ambas compañías se llamó y creo que aún se llama "Northrop Grumman Corporation."

En el 1938 "Westinghouse's Radio Division" era parte de la gran compañía Westinghouse. Esta división se mudó para Baltimore, Massachussetts. Ellos se dedicaron a construir radares para el uso del equipo bélico usado en la segunda guerra mundial por las tropas aliadas. Uno de los radares de esta compañía fue el que detecto a los bombarderos japoneses que se acercaban atacar a Pearl Harbor en el 1941. Esta compañía construyo todo tipo de aparatos electrónicos que fueron usados durante la guerra en distintos vehículos, ya sea tierra, mar o aire. Después de la segunda guerra esta compañía continúo construyendo aparatos electrónicos para uso de la defensa nacional. En el 1996 la compañía fue adquirida por "Northrop Grumman Electronic Division."

La palabra RADAR quiere decir en ingles (Radio Detection and Ranging). Que básicamente funciona de la siguiente manera. El aparato electrónico envía una señal de radio la cual viaja dirigida hacia un blanco. La señal rebota en el blanco y regresa de nuevo al aparato electrónico. Quiere decir, que el aparato electrónico transmite una señal de radio y luego la recibe y entonces mide el tiempo de vuelo de la señal y con la ecuación básica de física elemental se usa una ecuación que calcula la velocidad del blanco. Si el blanco es digamos un avión, entonces podemos saber la velocidad del avión. Y usando el Efecto Doppler podemos saber si el avión se aleja o se acerca de la fuente que en este caso es el aparato electrónico. Existen aparatos electrónicos muy versátiles que puede detectar la presencia de más de un blanco, pueden decir si se acerca o se aleja, y puede decir si es un enemigo o un amigo. Puede decir si es un avión y qué tipo de avión. Puede descifrar si es una señal falsa o una señal buena. Debido a que yo soy Físico pude aprender rápidamente la ciencia de los radares y sus complicaciones. La ciencia de los radares es de fundamental importancia no tan solo para las aplicaciones en el aspecto militar sino también para otras aplicaciones.

Los radares se usan en geología para localizar fracturas o cualquier otro tipo de falla en el suelo. Se pueden localizar con mayor precisión que existe bajo la superficie, metales, agua, minerales, etc., etc. También se usan en la agricultura para hacer un rastreo de la humedad relativa del cultivo y la eficacia de los sistemas de irrigación. Tienen muchos usos para en cartografía y el rendimiento de los bosques a causa de plagas o enfermedades a los árboles. Yo diría que uno de los usos más importantes es en el rastreo del fondo del mar ya que es usados por los que buscan los barcos españoles llenos de oro, plata y otros minerales preciosa. Muchos barcos españoles han sido localizados y se ha podido recuperar toda la carga que ese barco traía de México, Perú, y otros países de

Sur América. También se usan para detectar la pesca ilegal. En fin los radares tienen muchos usos científicos.

Como podrán haber visto en este libro todo tipo de ingeniería está basado en principios fundamentales de la Física. Mi consejo a los lectores que quieran ganar mucho dinero deben de estudiar ingeniería. Pero para ser buen ingeniero es importante tener un control absoluto de los principios de la Física. Pero para poder estudiar Física hay que ser un buen matemático. Por lo tanto yo diría que si usted no es un buen matemático entonces no puede ser un buen ingeniero. Porque a pesar de los adelantos tecnológicos yo les aseguro que la tecnología realmente son instrumentos que los científicos y los ingenieros usamos en nuestro trabajo. Cuando yo comencé a estudiar Física y Matemáticas, todavía no se había inventado las calculadoras electrónicas ni las computadoras electrónicas. Nosotros usábamos lo que se conocía como UNA REGLA DE CALCULO. Luego empezaron a salir al mercado las calculadoras electro-mecánicas y luego las calculadoras electrónicas. Luego salió al mercado las grandes computadoras como la IBM 360 y muchos años mas tardes salieron lo que se conoció como las mini-computadoras, años más tarde salió la computadora de escritorio y así la tecnología se ha ido desarrollando. Yo nací en el 1938 antes de la segunda guerra mundial y desde esa época para acá yo he visto todo los desarrollos tecnológicos y por gran suerte del Divino Creador, que me dio la oportunidad de ver el desarrollo de toda esa tecnología y ser parte del desarrollo de la misma. Y cuando fui a trabajar para esta gran compañía en Chicago ya yo tenía 56 años de edad y tuve la oportunidad de aprender la ciencia de los radares y de otras cosas electrónicas que fueron un reto para mí inteligencia. Pero cuando uno tiene una buena base educativa y la fuerza de voluntad de vencer todos los obstáculos que se presentan en la vida uno puede llegar a la meta.

Gracias a Dios, yo pude trabajar como ingeniero y como científico para esa gran compañía. Ya para el año 2000 yo llegue a la edad del retiro, pues había cumplido 62 años y esta compañía me hizo una buena oferta para que yo me retirara.

Para mí era difícil decir adiós no tan solo a la compañía sino también a la gran ciudad de Chicago. Pero yo tenía que ser realista de que ya se me había llegado la hora de retirarme con una buena pensión y por suerte gozando de una perfecta salud. Mirando hacia atrás yo diría que trabajar con esta compañía fue para mí una dicha porque fue mi último trabajo como científico y como ingeniero. Después que yo me fui la compañía siguió creciendo y creo que seguirá adquiriendo otras compañías de gran importancia. La compañía me ayudo con los gastos de mudanza para relocalizarme de nuevo a Orlando, Florida. Esta fue la única vez que yo no tuve que sufrir en hacer la mudanza de Chicago, Illinois a Orlando, Florida. Realmente lo único que tuve que hacer es vigilar que los trabajadores no rompieran mis pertenencias. En ese tiempo mis hijos mayores se habían independizado de mí y solo tenía mi hijo menor y mi esposa. Mi esposa y mi hijo menor viajaron primero para comprar una casa donde ellos quisieran y yo me quede 6 meses en Chicago trabajando con la compañía. Una vez que mi esposa compro la casa entonces yo tome un avión y me uní a la familia en Orlando, Florida.

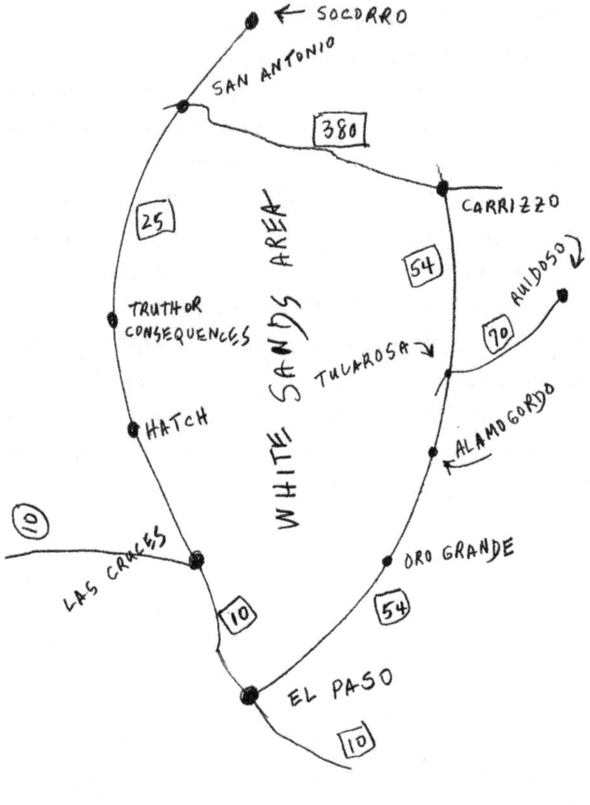

Figura 8: MAPA DEL DESIERTO ARENA BLANCA

MI ENCUENTRO CON LOS EXTRATERRESTES

Dicen que lo mejor se deja para lo último pero este no es en realidad el caso. Lo que pasa es que para poder entender mejor lo que voy a relatar era necesario que ustedes tuvieran los elementos de juicios necesarios para poder entender lo que me sucedió. Como ustedes han visto el que escribe es un científico, ingeniero y profesor universitario que ha trabajado por muchos largos años en distintas disciplinas del saber humano. Una persona que ha tenido mucha experiencia no tan solo como profesional sino que también tiene una buena base religiosa.

Como científico y conocedor del método científico yo no creo las cosas a menos que pasen un riguroso estudio del razonamiento científico y los principios de la lógica. Aquí el que escribe no es un charlatán. El que escribe es una persona seria que piensa mucho antes de pronunciar una idea. Lo que voy a relatar pasó hace muchos años y me he visto obligado a mantenerlo en secreto porque por un lado la divulgación de los hechos hubiera perjudicado mi trabajo en las distintas compañías aeroespaciales que he trabajado por largos años de mi vida. También a mí me obligaron mantenerlo en secreto para no causar un revuelo y que yo estuviera echándole brasas a la candela. También tenía miedo que muchas personas me tildaran de loco o que había perdido el uso de la razón. Pero como ahora estoy libre y llegando al final de mi vida, me veo precisado en divulgar mi secreto y atenerme a las consecuencias. Ya a mi edad no le tengo miedo a nada. Solo le tengo miedo al Divino Creador que es el que me ha protegido durante toda mi vida.

Para que entienda mejor estas cosas es importante saber la definición de ciertos vocablos que voy a usar. Un **ovni** es un "objeto volador no identificado." Es decir, muchas personas (incluyéndome a mí) han visto en forma real un objeto que vuela que no tiene identificación. No es un avión ni un helicóptero ni un cometa o como le llamábamos chiringas que volaba yo cuando era niño. Los **seres extraterrestres** son seres inteligentes fuera del planeta tierra. También se le conocen como **alienígenas** o simplemente como "**alien**." Aunque los norteamericanos también le llaman un "alien" a una persona extranjeras de otro país que está en territorio norteamericano en forma ilegal. Los **ufólogos** son los que creen en el **ovni**. Por lo general se asocian estos extraterrestres como una raza inteligente que vienen fuera del planeta tierra. Los ufólogos creen en la **ufología**. Lo que voy a relatar no es una teoría o cosa parecida. Esto es una **cosa real** como la luna y el sol que nos alumbran.

Hace muchos años cuando yo gozaba mi plena juventud, estaba trabajando para la compañía X en unos experimentos en el desierto de Nuevo México, que comúnmente se conoce en inglés como "White Sands." Es español le diríamos ARENA BLANCA. Favor de referirse al mapa que aparece en la figura 8. Bueno así es, la arena de ese desierto es blanca. Este es un lugar bastante remoto en el estado de Nuevo México. Los pueblitos más cercanos podríamos decir en aquel tiempo eran; Alamogordo y Ruidoso. Aunque hay otros pueblos; el más grande es la ciudad de Las Cruces. En aquel tiempo yo tenía que viajar después de salir del trabajo por una carretera que era muy desolada y que se conoce como US HWAY 70. Yo tenía que pasar por Alamogordo y Tularosa porque yo vivía en Ruidoso. Otras veces tenía que coger otra carretera que me llevaba a otro lugar y pasaba por Carrizozo, pasando por "Trinity Site" hasta llegar a otra entrada a este desierto de arena blanca. El nombre oficial de esta zona de Nuevo México es "White Sands Missile Range." De ahora en adelante me referiré con las siglas **WSMR**. Allí era que se estudiaban los misiles o cohetes en forma real. Como del mismo modo se estudiaban en otros sitios. Usted puede visitar ese sitio porque tiene un sector público y allí hay hoy día unos monumentos y un hasta un museo. También el sitio tiene **una tienda de regalos** donde usted puede comprar suvenires para tenerlos de recuerdo. En ese lugar existe un parque de misiles y de cohetes, por cierto muy interesante. Yo vi volar muchos de esos misiles y cohetes en muchos sitios, mientras trabajaba para distintas compañías. Si alguna vez usted quiere ver estos cohetes y misiles yo le aconsejo que vayan por la entrada que queda cerca de la ciudad de Las Cruces. También existe un portón que queda cerca de la ciudad El Paso, Texas. Yo recorrí toda esa área en mi juventud cuando eso era más pequeño y más remoto. Hace mucho tiempo que no he vuelto a ese lugar y me imagino que hay sectores que están prohibidos para el público. Pero yo he verificado que hay un parque que es un centro de atracción para los turistas que visitan el área.

En esas carreteras en aquel tiempo usted podía viajar de noche y no encontrarse otro vehículo por lo que a mí me daba miedo tener que viajar solo por esas carreteras. Por la mañana cuando iba para el trabajo veía uno que otro coche y desiertos o montañas. Hay unas montañas que se conocen como "La montañas de los Órganos." Yo nunca vi los órganos pero yo asumo que se trata de los genitales.

Esa noche yo iba camino a Ruidoso y note que me seguía una **nave espacial, es decir, un ovni.** Yo creí que estaba viendo un espejismo por lo tanto, como buen científico, hice un viraje en U para verificar que no era un espejismo o una ilusión óptica. Yo veía que la nave era en forma de "platillo volador" y tenía unas **luces verde, roja y azul**. Eso me extraño mucho porque usualmente se usan verde, roja y amarillo. De pronto me entro un miedo mortal y acelere la marcha del vehículo y ya iba como a 100 millas por hora y todavía la nave me seguía. De pronto vi en la noche y en la lejanía una luz blanca como de neón en la carretera. Poco a poco según me acercaba vi que era una estación de servicio de auto donde uno compra gasolina, aceite, etc. Por suerte vi estacionado el coche de la patrulla de camino de la policía de Nuevo México. Cuando mire hacia atrás note que la nave había desaparecido. De todas maneras decidí parar y hablar con el policía.

El policía me pregunta con mucho respeto. "En que le puedo ayudar." Entonces yo le hice un relato de todo lo que me había sucedido. El policía me mira, alumbrándome la cara con una linterna bien intensa, y me pregunto; ¿Cuántas cervezas usted se ha tomado esta noche? Yo le conteste; "Ninguna." Entonces le enseñe mi tarjeta de identificación de mi compañía y le dije que yo era un científico que trabajaba en el WMSR y que me dirigía a mi casa para descansar. El policía se mostró esta vez más amistoso y deseoso de ayudarme. Me dijo en tono amigable; "Móntese en su coche que yo lo voy a seguir y llevarlo a su casa. Yo le aseguro que nadie lo va a raptar." Exactamente, el policía me siguió desde ese punto hasta llegar a mi apartamento de Ruidoso. Allí me esperaba mi esposa y me pregunto por qué había llegado tarde. Yo le conté a mi esposa lo que me había sucedido esa noche y me acosté. Sinceramente no pude dormir muy bien pues todavía estaba azorado.

Al otro día fui primero a hablar con el guardia de seguridad en el portón por donde yo tenía que entrar a WSMR. Los guardias de seguridad mayormente en aquel tiempo eran señores de ascendencia mexicana y hablaban muy bien tanto el inglés como el español. Pero más importante aún, ellos conocían quien entraba y quien salía de aquel lugar. También yo asumo que tenían cierto conocimiento si quedaban gente trabajando antes de ellos cerrar el portón. Yo le pregunte; ¿A qué hora ustedes cerraron anoche? y él me señalo a un letrero que decía la hora de entrada y de salida por aquel portón. Él me dijo; "Mire amigo, yo creo que después que ustedes se fueron nadie quedo atrás, y si alguien se quedó entonces no podían pasar por aquí porque los portones tienen su hora de entrada y de salida." Bueno, yo me quede con mis dudas en mi mente y no pude aguantar más y entonces fui hablar con el Comandante Militar quien sabía todo lo que estaba pasando en aquel lugar. El me pregunto; ¿En qué le puedo ayudar? Entonces yo le hice mi historia a la vez que notaba que la cara del señor se iba poniendo cada vez más roja. De pronto el estallo y me dijo; "Mire usted, por favor calle para siempre y no le diga nada a nadie porque yo le aseguro que usted va a perder su trabajo. Usted esta chiflado." Bueno, yo salí de la oficina de aquel señor y como vi que mi trabajo corria peligro, por lo tanto, hice lo que él me pidió. Es decir, no le dije nada a nadie. Como decía mi abuela; "En boca cerrada no entran moscas."

Claro yo como científico también tenía mis dudas porque yo creí que lo que me pasaba era que el exceso de trabajo me estaba afectando la mente. Y trabaje por varias semanas y eche al olvido aquel descabellado incidente.

Una noche iba yo guiando de nuevo hacia mi apartamento. Salí por el portón y me despedí del guardia de seguridad y continúe hacia mi casa. Esta vez yo iba por la carretera #380 hacia Carrizozo. De allí cogía por la carretera #54 en dirección hacia el pueblito de Tularosa. Allí me pare para comerme un burrito sabroso que hacían allí. Yo diría que los mejores burritos de comida mexicana lo hacia una señora que vivía allí. Luego me fui hacia Ruidoso que a esa hora de la noche era una carretera bien desolada. Entonces me llamo la atención unas luces **roja, verde y azul** que se veía en un pastizal donde había muchas vacas descansando. En esa área de Nuevo México, existían muchos hacendados cuyo negocio principal era la venta de ganado. A veces se veían 100 o 200 vacas en esas grandes fincas. Pero note que había una vaca acostada en el suelo. Entonces vi un **platillo volador** que había aterrizado en aquel lugar. El platillo tenía tres patas que le daban soporte al platillo. Yo asumo que para aterrizar se desplegaban estas tres patas que quedaban equidistantes una de otra. El platillo era en forma de disco circular y hacia un ruido muy raro. Yo apague las luces de mi coche y me acerque sigilosamente para ver mejor lo que estaba pasando. Entonces vi tres **hombrecitos con uniforme verde**. Note que la cabeza era de forma como una **pera y de color azul**. Ancha arriba y menos anchas alrededor de la boca. Median como 4 pies de estaturas, tenían ojos rojos, y note que la lengua era como la de las serpientes, pero en lugar de dos puntas, la lengua terminaba en tres puntas. Vi que estaban extrayendo sangre de la yugular de una vaca utilizando la lengua que funcionaba mejor que un aparato hipodérmico. Tenían dos manos y dos pies pero lo que más me llamo la atención era como un tercer ojo que tenían en la frente. Pero era como un foco de luz verde que lo prendían y apagaban a su antojo. Eso me recordó de las luciérnagas que yo veía cuando niño en Puerto Rico. De momento uno de ellos noto mi presencia y vino corriendo hacia mí. A mí me dio tanto miedo que yo parecía una gacela corriendo por aquella carretera oscura. Corrí y corrí pues creía que venían persiguiéndome pero me canse de correr y el corazón sentía que se me salía por la boca. Entonces tuve que parar a descansar. Por suerte nadie me estaba persiguiendo. Mire hacia el cielo y no vi estrellas ni luna y no me veía las manos. No me quedo más remedio que regresar al coche. Ya los hombrecitos verdes y el platillo volador (**ovni**) se habían desaparecido. Eso me alegro mucho y decidí montarme en mi coche y seguir rumbo a mi casa. Esa noche no le dije nada a mi esposa. Tampoco le dije nada a mis compañeros de trabajo.

Años más tarde me encontré con mi antiguo compañero de trabajo de la NASA, mi querido y nunca olvidado Jorge (su nombre en inglés es George). Este señor años antes me había hecho un cuento del ovni y de la ufología. Por lo tanto, me sentí muy a gusto y le conté lo que me había sucedido en el desierto de la arena blanca. Fue entonces que él me enseño un medallón y me pregunto que hiciera un esfuerzo y le dijera si los hombrecitos verdes de cabeza azul tenían un medallón igual o parecido en el pecho. Yo me quede boquiabierto al ver el medallón que me enseño Jorge. Yo le dije que los tres hombrecitos verdes tenían un medallón colgándoles del cuello y el medallón se veía aun cuando la luz de la luna no estaba presente. Los hombrecitos verdes tenían un tercer ojo en la frente que tenía la capacidad de iluminar como si fuera una luciérnaga.

De ahí en adelante Jorge me traía objetos y cosas que se creía que venían del espacio. Como yo trabajaba en un laboratorio tenía acceso a los mejores instrumentos científicos para estudiar esos objetos. Yo sometí el medallón de Jorge a un análisis usando un espectrógrafo electrónico y resultado del análisis me decía que el metal no era de este planeta. El medallón de Jorge era de un metal desconocido o por lo menos no estaba en la tabla periódica que nosotros los científico utilizamos en la tierra. Yo le tome una fotografía al medallón y esa fotografía la tengo en mi poder.

Otro día Jorge viene a mí y me enseña un dibujo y me pregunto que si yo lo podía interpretar porque parecían unos símbolos científicos. Yo le enseñe el dibujo a mi jefe que era un experto en la materia y me pregunto si yo había traído ese dibujo de México. Yo le dije que un amigo me había pedido interpretar los símbolos. Mi jefe me dijo que él había visto unos símbolos similares en el área de Chitchen-itza y que provenían de los Indios Mayas. También me dijo que había una teoría que los indios mayas se habían ido de este planeta. Existe otra teoría que los indios Incas se habían ido de este planeta para un sitio desconocido. Pero que el cómo científico no podía darle veracidad a esas teorías. Pero los símbolos en el medallón eran similares a la de los indios Mayas. Claro, yo no podía revelarle a mi jefe mi encuentro con los hombrecitos verdes porque yo hubiera perdido mi trabajo en el acto.

Cuando yo trabajaba para la NASA tuve la oportunidad de trabajar con varios astronautas como dije anteriormente. Algunos de estos astronautas luego se hicieron mis amigos, es decir, había mayor comunicación informal conmigo. A veces yo en son de broma hablaba con ellos sobre los ovnis y sobre la existencia de seres extraterrestres. Como yo podía hablar con mayor autoridad en términos científicos yo notaba que siempre que traía el tema ellos trataban de cambiar el tema. Pero se corría el rumor entre los que trabajamos en el Centro Espacial Kennedy que los astronautas habían vistos los ovnis. Uno de ellos fue entrevistado por revistas y periódicos otros medios de comunicación. Una vez leí, si mal no recuerdo, que el astronauta Gordon Cooper había hablado de las existencias de los ovnis. Eso no lo he podido corroborar. Pero los rumores en el centro espacial siempre sonaban como si fuera real. Uno puede pensar que los astronautas serían los mejores testigos de estos ovnis pero todas estas cosas tienen que pasar por un cedazo y todo se queda en puntos suspensivos. En los medios oficiales existe una censura sobre temas de esta naturaleza. La gente se queja que estos temas son tabú.

De acuerdo a las fuentes se dice que el astronauta Edgar Michel tripulante de la misión Apolo-14 dijo que había visto los ovnis. Sin embargo la NASA oficialmente lo negó. Los hombrecitos verdes que yo vi tenían ojos grandes y la cabeza como una pera como dije anteriormente y sin lugar a duda dado la visión del platillo volador tienen que ser seres con una inteligencia superior a la nuestra. Sin embargo yo note que estos seres no tenían ningún tipo de hostilidad contra mí. En esas dos ocasiones yo fui testigo que seres extraterrestres estaban allí. Como yo también soy astrónomo yo diría que desde el punto de vista de la Astronomía deben de existir otros seres inteligentes como nosotros en otras galaxias. Nosotros, los terrícolas, pertenecemos a la galaxia que comúnmente se llama la Vía Láctea. Los astrónomos utilizando el poder prodigioso del telescopio Hubble y otros instrumentos han podido señalar sin lugar a dudas de que existen otras galaxias. Se asume que en cada galaxia existe un sistema de planetas y sin lugar a dudas deben de existir planetas similares a las condiciones de la tierra. Por lo tanto, mi teoría es que deben de existir unos seres que la única palabra que cabe es "extraterrestres" que tienen una super inteligencia y sus cuerpos serian quizás de una morfología diferente pero que pueden construir una civilización parecida o superior a la nuestra. A mí me parece que los gobiernos de este planeta tierra deben de continuar la exploración del espacio sideral y buscar otras civilizaciones que existen. Cuando yo visite por primera vez el observatorio que queda en Puerto Rico que se conoce como el Radio Telescopio de Arecibo, su misión inicial en el 1960 era precisamente buscar evidencia de que existen seres extraterrestres. Desgraciadamente en aquella época yo era muy joven para captar la importancia de este fenómeno. A pesar de que tuve la oportunidad de quedarme allí, mi espíritu aventurero se impuso y no me permitió quedarme allí.

El incidente que ocurrió en Roswell, Nuevo México, también es otro incidente de extraterrestres que siempre ha estado en un velo de misterio. Sin lugar a dudas allí ocurrió "algo" que nunca ha quedado claro y que fue censurado por los medios oficiales desde sus comienzos. Yo invito a los interesados que si tienen la oportunidad vayan a Roswell y vean todo lo que se alega que ocurrió allí. En ese tiempo no existía la tecnología que existe hoy dia y aun así es insólito que los extraterrestres que murieron en el ovni que se estrello allí, quede todavía bajo un velo de misterio.

También se dice que cuando Amstrong se bajo del modulo lunar "Eagle", descubrió que ya allí habían estado los **ovnis** porque él vio objetos que no pertenecían a la luna, como si ya habían estado los extraterrestres allí y Amstrong era uno más de los tantos que habían visitado la luna. Entonces, si esto es cierto, ¿De dónde provenían estos objetos? ¿Fueron los rusos, o quienes fueron? Claro la NASA declaro oficialmente que todo eso era falso. De la misma forma yo tampoco puedo afirmar o rechazar que eso ocurrió así. Sin embargo, dicen que Michel Edgar ha sido unos de los pocos astronautas que han reconocido abiertamente la existencia de los **ovnis**. Tampoco yo puedo corroborar ni rechazar todo esto que dicen de los astronautas. Yo puedo decir de lo que yo vi pero no puedo afirmar o rechazar los que otros vieron. Una vez mi supervisor me dijo que gente que cree en los extraterrestres deberían de estar en el manicomio o la casa de locos. Claro yo no conteste a su comentario y me quede callado porque mi trabajo estaba en juego.

Mi amigo Jorge y yo pasamos muchos tropiezos debido a todo lo que he narrado aquí. Desgraciadamente Jorge murió, y se llevo con él, el medallón, pero yo tengo una foto de ese medallón. En otra ocasión hablare de otros sucesos que ocurrieron. Tanto él como yo hicimos muchas investigaciones de este tema. Muchos grupos, me han invitado para hablar de este tema tan importante y siempre me negué hacerlo porque come he dicho varias veces, mi trabajo estaba en juego. Ahora puedo acceder y visitar estos grupos para dictar conferencias siempre y cuando el tiempo y mi salud me lo permitan.

COMO VOLVI A SER PROFESOR

Desde el año 2000 volví a integrarme en el campo de la enseñanza. La razón es bien sencilla. Yo tengo un doctorado en Física y además soy ingeniero, por lo tanto, no me ha sido difícil encontrar trabajo como profesor de Física o Matemáticas. Desde esa fecha he trabajado y seguiré trabajando en el campo académico. He sido profesor de varias asignaturas dentro los distintos campos del saber tales como; Física, Matemática, Astronomía, Programación y Aplicaciones de Computadoras, Cursos de Ingeniería, etc., etc. Mis pasatiempos siguen siendo más o menos los siguientes; fotografía, videos, electrónica, profesor, musicólogo, ufologo y ayudo como de voluntario cuando me necesitan en la comunidad hispana del área de la Florida Central.

Mi mensaje a mis discípulos y todos los que lean este libro es que nunca busquen excusas. Si uno quiere triunfar en la vida no existen obstáculos que lo impidan. Querer es Poder. Mi mensaje a los padres de esta juventud es que ellos te necesitan por lo tanto no hay excusas para ayudar a tus hijos o hijas que necesitan de tu ayuda. Yo fui un niño muy pobre y nací en un barrio rodeado de violencia, de criminales, de pobreza, de escasos recursos económicos y poco a poco fui saliendo del hoyo y obtuve una educación sólida que me ayudo a vencer miles de obstáculos que se me presentaron en la vida. Algunos de mis discípulos y amigos me han preguntado que cual fue la proeza más grande de mi vida y siempre contesto lo que ellos y quizás usted no se imagina. La proeza más grande fue cuando me mude desde Rio Piedras, Puerto Rico hasta cruzar el mar y llegar a Miami, Florida en una barcaza. De allí continúe un largo viaje de muchos días hasta llegar a la capital de México. Yo creo que yo he sido la única persona en hacer ese viaje intrépido. Es uno salir de lo conocido a lo incognito. Hay que tener demasiada fuerza de voluntad y mucha fe en uno mismo para hacer ese trayecto. Y lo curioso que para hacer eso no se necesita ir a la escuela. Y en segundo plano fue todos los viajes que hice con mi tráiler desde México hasta Albuquerque, Nuevo México. Y el que hice de Albuquerque, Nuevo México a Hunstville, Alabama. Y como si fuera poco el que hice de Huntsville, Alabama a Orlando, Florida. Yo creo que yo he sido la única persona que ha hecho todos esos viajes intrépidos. Gracias a Dios que en todos esos viajes tenía el "Ángel de la Guarda" que me protegía. Espero que esta narración sea de inspiración para muchos de los lectores de este libro. Les pido de favor que presten o enseñen este libro a una persona que usted conoce y que quizás necesita un poquito de ayuda.

Al parecer este libro termina aquí. Sin embargo, este libro es el comienzo de mi próximo libro donde voy a dar más detalles de un tercer encuentro que tuve en Nuevo Mexico y el misterio del medallón. También hablare de la razón que existe una censura a todo lo que tenga que ver con los seres extraterrestres. Hablare de los secretos de la naturaleza y del universo. Explicare los nuevos descubrimientos de la Astronomía y los planes de la NASA para visitar otros mundos en el espacio.

Made in the USA
Monee, IL
[illegible] November [illegible]

Made in the USA
Monee, IL
04 November 2026

67385477R10125